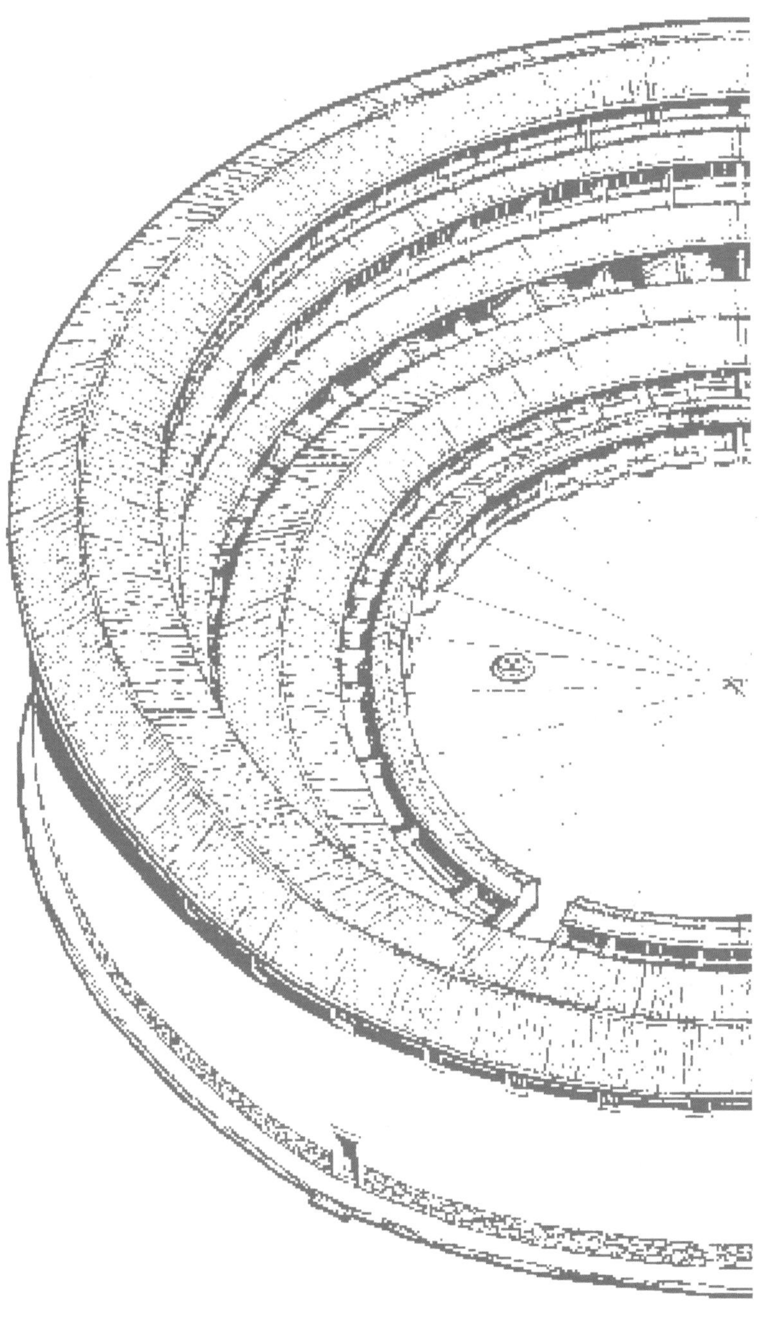

新闽派建筑

THE NEW FUJIAN ARCHITECTURE

福建省住房和城乡建设厅
福建省勘察设计协会 主编

中国建筑工业出版社

图书在版编目（CIP）数据

新闽派建筑 = THE NEW FUJIAN ARCHITECTURE / 福建省住房和城乡建设厅，福建省勘察设计协会主编. — 北京：中国建筑工业出版社，2022.12
ISBN 978-7-112-28158-9

Ⅰ. ①新… Ⅱ. ①福… ②福… Ⅲ. ①建筑艺术 - 研究 - 福建 Ⅳ. ①TU-862

中国版本图书馆CIP数据核字（2022）第218385号

责任编辑：胡永旭　唐　旭　吴　绫
文字编辑：陈　畅　李东禧
版式设计：锋尚设计
责任校对：赵　菲

新闽派建筑
THE NEW FUJIAN ARCHITECTURE
福建省住房和城乡建设厅　福建省勘察设计协会　主编
*
中国建筑工业出版社出版、发行（北京海淀三里河路9号）
各地新华书店、建筑书店经销
北京锋尚制版有限公司制版
北京雅昌艺术印刷有限公司印刷
*
开本：965毫米×1270毫米　1/16　印张：22¾　字数：779千字
2022年10月第一版　2022年10月第一次印刷
定价：**380.00**元
ISBN 978-7-112-28158-9
（39600）

《新闽派建筑》
编委会

主编简介

黄汉民

福州人，1943年11月生。1967年清华大学建筑学专业毕业，1982年获清华大学工学硕士学位。现为中国民居建筑大师，福建省勘察设计大师。现任福建省建筑设计研究院有限公司顾问总建筑师。曾任中国建筑学会常务理事，生土建筑分会副理事长，福建省建筑师分会会长，福建省建筑设计研究院院长、首席总建筑师，华侨大学、福州大学建筑学院兼职教授。

主要建筑设计作品有福州西湖“古蝶斜阳”、福建画院、福建省图书馆、福建会堂、中国闽台缘博物馆等。出版专著《福建传统民居》《福建土楼——中国传统民居的瑰宝》《客家土楼民居》《福建土楼建筑》《门窗艺术》，合著《福清传统建筑》《尤溪传统建筑》《南靖传统建筑》。

戴志坚

毕业于广州华南理工大学建筑学院建筑历史与理论专业，研究生，工学博士。现为厦门大学建筑学院教授。中国民居建筑大师，住建部传统村落保护专家委员会副主任委员，中国民族建筑研究会民居专业委员会副主任委员。

出版有《闽台民居建筑的渊源与形态》《中国廊桥》《福建民居》《福建古建筑》《福建土堡》《中国传统建筑解析与传承——福建篇》《中华古村落——福建卷》《闽海民系民居》等专著14本。

王绍森

厦门大学建筑与土木工程学院原院长，厦门大学南强重点岗位教授、博导。国家一级注册建筑师，中国百名建筑师，中国建筑学会APEC建筑师，福建省勘察设计大师。任中国建筑学会资深会员，福建省美术家协会会员。任中国建筑学会城市设计分会常务理事，福建省土木建筑学会建筑师分会副理事长等职。

研究领域为建筑设计及其理论、城市景观规划与设计、建筑文化遗产保护与发展。曾获中国建筑教育奖、中国建筑学会青年建筑师奖（青年建筑师最高奖）、亚洲文化协会青年建筑师奖、国家优秀工程勘察设计铜奖、中国建筑学会建筑设计奖、教育部优秀工程设计二等奖、福建省优秀工程勘察设计一等奖、福建省建筑创作一等奖等。出版《透视建筑学——建筑艺术导论》《若建筑》《新闽南建筑实践》《当代闽南建筑地域性表达研究》等著作。

林经康

毕业于上海交通大学建筑学专业，现为福建省建筑设计研究院有限公司建筑设计五院院长、总建筑师，教授级高级工程师，一级注册建筑师，注册城乡规划师，福建省勘察设计协会副秘书长，福建省青年建筑师协会副会长。

作为项目负责人，主持完成数十项省市重点工程项目，主创设计方案多次荣获省级优秀建筑创作奖、省级优秀工程勘察奖。在省级刊物或核心期刊上发表论文近十篇。

序

蒋金明

复旦大学特聘导师
中国书法家协会会员
福建省住房和城乡建设厅副厅长
中华诗词学会会员
中国楹联协会会员

1965年出生，江苏沭阳人。字怀文，号白云道人。原空军司令部军训部部长、空军特级飞行员。中国书法最高奖——“兰亭奖”首届得主。作品被中国文字博物馆、荣宝斋、福建博物院、福建省美术馆、辽宁省美术馆等多家专业机构收藏。

吾亦爱吾庐　闽居物华新

“倚岩见庐舍，入户欣拜揖”。

建筑，是镌刻在山川大地上的史书，记载着家族、种族的精神图谱，彰显着城乡的生动面孔和家底实力，凝结着深厚民族和地域文化的温度，承载着生命的记忆和乡愁。

建筑，是凝固的音乐，荟萃的艺术，大地的画屏。

福建“八山一水一分田”独特的山水林田格局，构成了山居、水居、林居、岛居闽派建筑的母本底色；闽越文化、客家文化和海丝文化特殊的派生沿革，延续着闽派建筑的基因和文脉；闽越子民生存、生产、生活及生态的个性追求，激发着闽派建筑风格与流派的原生动力。

君不见，青山傍，一座座傲然矗立的土楼寨堡，散发着道法自然的幽深底蕴；碧海边，一排排憨朴的石厝和刺天的燕脊，饱含着海丝文化爱拼才会赢的顽强精神。

君不见，古城中，一片片仪轨有序的官样坊巷，渗透着学优而仕的缕缕书香；新城里，一幢幢“欲与天公试比高”的摩天大楼，洋溢着现代文明的科技之光。

君不见，刺桐港红砖红瓦间隐约可见波斯帝国的影子；嘉庚村“穿西装戴斗笠”依稀可闻南洋风情的余音；出砖入石的智慧与审美似乎可联想到法国朗香教堂和荷兰蒙德理安。

或许，这也是中华文明海纳百川、和而不同绵延不绝的一个密码吧?

传统建筑文化的吐故纳新是一个永恒课题。“它山之石可以攻玉”，它既需要用“最大的力气打进去”，立足闽派本土的共性涵养，广涉优秀的姊妹艺术；更需要用“最大的勇气跳出来”，放眼世界，洋为中用，不断拓展丰厚新闽派风格，安顿好民生之本，山水之邻，岁月之考，天地之问!

“一艺之成，良工心苦”。新闽派建筑，理应在传统的风格、元素和技艺的基础上，顺应时代潮流和人性需求，进行创造性转化和创新性发展，坚持洋为中用，赓续闽派血脉，秉承守正创新，纠治“千城一面”。

若居者有其屋是小家，广厦千万间则是大家；若自扫门前雪是独善之举，那么以天为盖地为庐山水星辰伴我眠，则是建筑师们构筑美丽中国“千里江山图”的使命担当。

“众鸟欣有托，吾亦爱吾庐”，庄子之悟，共情共享，穿越千年。

王寅仲秋 · 蒋金明记于有福之州

前言

福建地处我国东南，背山面海，素有“东南山国”和“八山一水一分田”之称。福建是以中原南迁移民为主体建构而成的社会，在延续闽越文化遗风的同时，也深受中原文化和海外文明的影响，多元文化共同塑造了福建地域建筑鲜明的多样性、地方性、融合性等特征。福建地域建筑文化可分为闽南区、莆仙区、闽东区、闽北区、闽中区和客家区六个区域，各个区域为了适应不同的地理环境、气候特征，在历史发展进程中所创造出的独特且富有深刻文化内涵的建筑形式、风格与建筑技艺成为中国建筑史上的一颗璀璨明珠。福建地域建筑作为地方社会和历史文化的载体，从不同角度反映出当地不同历史阶段的政治、经济、文化和社会生活情况，成为当前研究福建本土社会和地域文化复兴的活化石。

建筑是现代社会物质文明、社会文明和精神文明的创造集合。传承地域传统建筑的形式与风格，创造新时代富有地域特色的新建筑，是建筑师孜孜不倦的追求。改革开放以来，在繁荣建筑创作的时代召唤下，福建本土建筑师以及国内诸多建筑师在福建省内创作了大量具有地域特色的建筑作品。这些建筑作品立足传统建筑研究，实现了本土建筑的现代性及其创造性的转换与升华，成为新时代福建建筑创作的缩影，形成独具地域特色的建筑风格，我们将其命名为“新闽派建筑”。

21世纪以来，伴随着文化自信、乡村振兴等时代议题的提出，福建地域建筑创作积极贯彻落实“适用、经济、绿色、美观”的建筑方针，也愈发敏锐于时代动态，积极投身于社会发展进程中并有意识地回归地域问题的思考、批判和解决。在建筑创作上，摒弃了对传统的生搬硬套、抄袭滥造，转为对现代建筑创作的主动求解、开拓、创新。如何理解传统建筑文化，把传统建筑纳入现代建筑创作视野和具体项目实践中去审视？如何寻求福建传统建筑特征的表达形式革新和文化再造，推动地域文化的传承？这既是历史遗留给我们的命题，也是时代赋予我们的责任和使命。

在福建省住房和城乡建设厅、福建省勘察设计协会的精心策划和指导下，我们共同启动《新闽派建筑》出版计划。本书系统总结传统建筑的精髓，积极传承传统建筑文化，拓展地域建筑创作新表达，总结提炼福建省新时代地域建筑创作最新成果。本书内容由三个章节构成：

第一章节为传统建筑地域特色解读篇。按照闽南、莆仙、闽东，闽北、闽中、客家六个分区，进行福建传统建筑的空间系列解析，分析、总结了福建传统建筑不同地域的特色与风格。

第二章节为创作解析篇。按照自然气候、地域文化、形式特征、空间形态、材料表达、城市住宅、乡村建设七个部分，系统总结新闽派建筑传承创作的基本手法，力求把共性的、取得共识的、经过时间检验的传承成果加以总结提炼，以求引导促进更深层次的传承与实践。

第三章节为建筑案例篇。大致按照时间顺序系统整理了福建省改革开放以来新闽派建筑创作中的优秀案例，进一步展示新闽派建筑创作成果，促进现代建筑创作理论的深化和传播。

《新闽派建筑》主要编写者是黄汉民、王绍森、戴志坚。具体编撰分工如下：

黄汉民教授为本书的组织策划者，全程负责全书大纲和内容策划、案例项目筛选、审定，以及出版、统筹等工作。

戴志坚教授为本书协调负责人，负责本书第一部分的编写。参加编写人员还有黄庄巍、刘静、陈自动。

王绍森教授为本书协调负责人，负责本书第二、三部分的编写。参加编写人员还有周畅、黄璟、戴建、陈宏、张可寒、杨华刚、王长庆、杨佳麟、刘阳、李希达、潘伟、胡璟、全峰梅、李隆鈞、林雨欣、邬纱纱、周静。

福建省住房和城乡建设厅科技与设计处许奇、陈仲光、姚晓征、胡晓凌、张富城、吴榕萍、黄威等多位同志积极指导和全过程参与了本书的编撰工作，发动全省优秀勘察设计单位提供了大量优案案例和翔实资料。

全书统稿、增补、校对工作由林经康、周畅、黄璟、郑静、张富城完成。

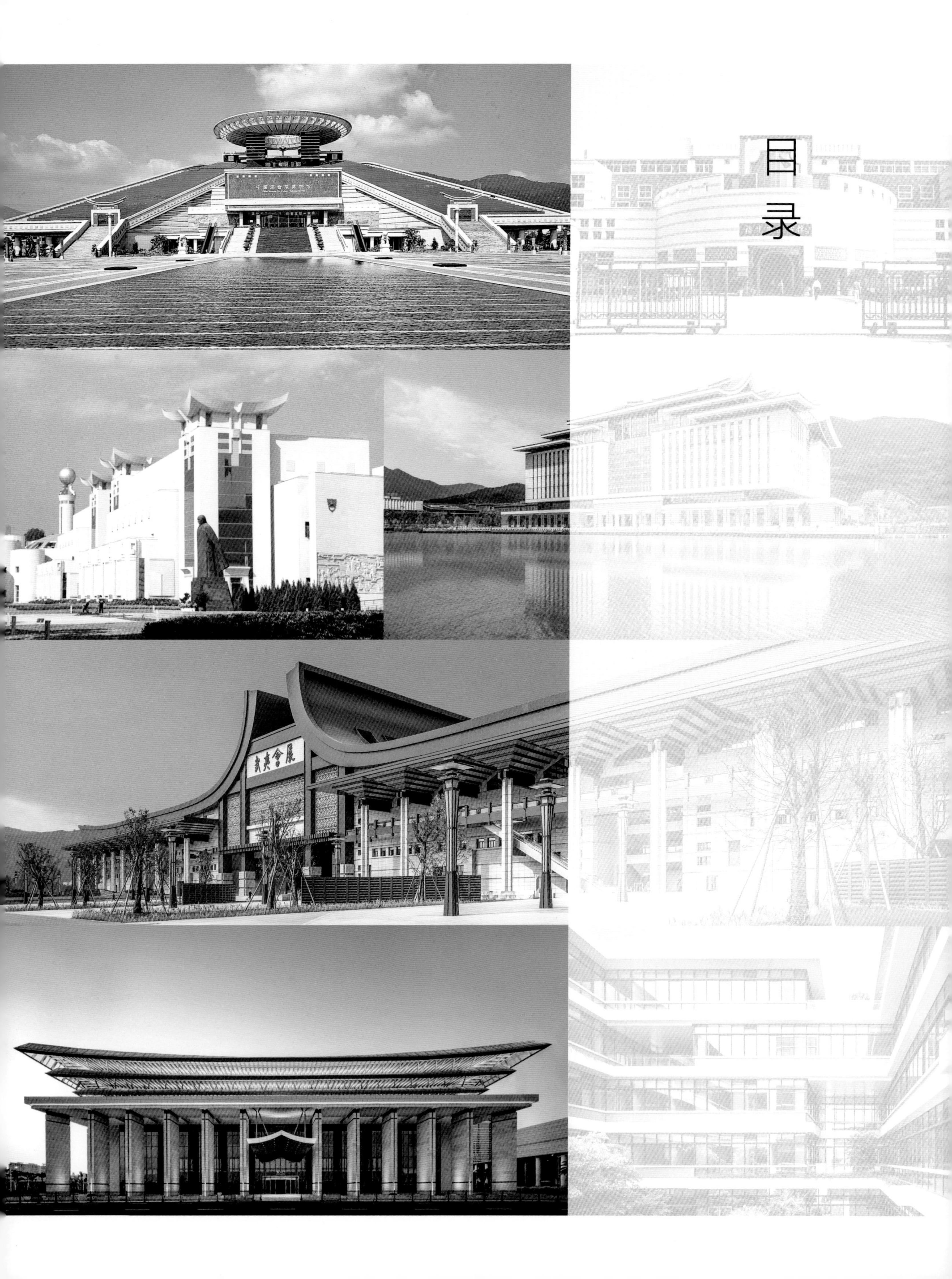

目录

第三章

新闽派建筑案例

第一章

福建传统建筑地域特色

绪 论

1. 福建历史变迁

福建早期的土著居民为“闽族”。据《周礼》记载，西周时，福建属“七闽”，臣服于周王朝。春秋战国时期，越人入闽，与土著闽人融合，形成闽越族。闽越人首领无诸统一福建各地，自封为闽越王。秦统一六国后，废无诸为君长，始皇二十五年（公元前222年）在闽越族聚居地设立闽中郡。虽未派官治理，但福建从此被正式纳入中央王朝的版图。闽中郡的辖地包括今福建省全境，以及相邻的浙江省、江西省、广东省的一部分。

秦末天下大乱，无诸起兵反秦，后又佐汉灭楚，于汉高祖五年（公元前202年）受封为闽越王，建都在东冶（今福州）。元封元年（公元前110年），汉武帝灭闽越国，将其宗族、部众强行迁徙至江淮一带。闽越国灭亡后，中央政府在闽地设立冶县（今福州），属会稽郡管辖。

东汉末年至三国时期，孙吴政权五次派遣军队入闽，建立对福建的统治。三国吴永安三年（公元260年），在今建瓯置建安郡，这是福建历史上所设的第一个中级行政单位。

两晋南北朝时期，中原人士大批南下，部分避乱入闽。西晋太康三年（公元282年）析建安郡为建安、晋安两郡，属扬州管辖。建安郡辖地包括全部闽北，晋安郡郡治在今福州，辖地包括闽西和沿海一带。随着闽南地区的进一步开发，南朝梁天监年间（公元502~公元519年）析晋安郡南部置南安郡，郡治设在今南安市丰州镇，辖有兴化、泉、漳等地。南朝陈永定年间（公元557~公元559年）升晋安郡为闽州，统领建安、晋安、南安三郡，这是福建历史上继秦设闽中郡以后实设的第一个省级单位。

隋唐时期，福建地方行政制度有较大调整变迁。隋开皇九年（公元589年）设泉州，州治在今福州，后改称闽州。大业三年（公元607年）废州，并建安、晋安、南安三郡为建安郡。经隋裁并之后，建安郡仅存闽县、建安、南安、龙溪4县，郡治设在闽县（今福州）。唐高祖武德元年（公元618年），改郡为州。唐朝中期，为加强对境域内各地的行政管辖，朝

三明万寿岩帆船洞遗址

建瓯市通仙门遗址

仙游县枫亭镇天中万寿塔　武夷山市城村汉城遗址总平面图

建瓯光孝寺大雄宝殿

廷先后设立福州（州治今福州）、建州（州治今建瓯）、泉州（州治今泉州）、漳州（州治今漳州）、汀州（州治今长汀）。唐开元二十一年（公元733年）设立区域军事长官，从福州、建州中各取首字称福建经略观察使，为“福建”名称之始。

五代十国时，福建一度称“闽国”，首府为福州。唐光启元年（公元885年），光州固始（今属河南）人王潮、王审知兄弟率领农民军进入闽西、闽南，随后据有全闽。后梁开平三年（公元909年）梁太祖朱晃封王审知为闽王。公元933年，王审知之子王延钧正式称帝，改国号为“闽”。闽国盛时辖境为福州、建州、汀州、泉州、漳州，地界与今省界相似。南唐保大三年（公元945年）南唐灭闽国，控制了汀、建二州，继而吴越国占据了福州地区，泉州人留从效割据漳、泉二州。北宋开宝八年（公元975年）宋灭南唐，太平兴国三年（公元978年）吴越国钱氏与留从效继承者陈洪进相继纳土请降，福建全境最终归入宋朝版图。

入宋以后，随着中国经济重心及政治中心的南移，福建人口不断增长，经济更为繁荣。北宋雍熙二年（公元985年）置福建路，辖福、建、泉、漳、汀、南剑六州和邵武、兴化二军，至南宋辖一府、五州、二军，因此福建有“八闽”之称。宋福建路的境界线与今省界相同。

元世祖至元十五年（1278年），福建开始设立行省。元代中叶，福建境内设福州、建宁、泉州、兴化、邵武、延平、汀州、漳州等八路。明代改设福建布政使司，改路为府。清代以来，改为福建省。

福州华林寺大殿

福州市鼓山千佛陶塔

福州市崇妙保圣坚牢塔

福州王审知墓

莆田市荔城区玄妙观三清殿

泉州市清净寺

泉州开元寺

古田县鹤塘镇“孝友无双”牌坊

惠安崇武所城南门

福清市“黄阁重纶”石牌坊

福州市仓山区林浦木牌坊

泉州中山路骑楼

厦门鼓浪屿黄氏花园

2. 福建六大区域划分

福建传统建筑的区域划分受到外界条件、语言条件、自然条件三个方面的影响。战乱、异族入侵、社会动荡等外界条件将中原汉人推到八闽大地。从东晋到唐末，大规模的汉人入闽有过三次，现闽方言的三大支系在此期间形成。闽北方言大约形成于东晋南朝时期，闽南方言大约形成于唐初，闽东方言大约形成于五代十国的闽国时期。闽方言的另外两个支系形成较晚，莆仙方言大约在两宋时期从闽南方言中分化出来，闽中方言大约在元明之后从闽北方言中分化出来。随着唐末客家先民大批量入闽，客家方言大体在北宋时期形成。福建地形复杂，山岭众多，江河纵横，历史上交通不便，外界信息难以沟通。北方移民入闽后，适应高山、平原、丘陵、海岛等不同的自然环境，走出一条生存繁衍的路，物质生活和精神生活因之产生变化。久而久之，不同的方言区逐渐产生不同的地域文化，各区域的传统建筑也逐渐形成各自的风格。

根据方言分布、地域文化、地理气候条件的不同，福建传统建筑可分为六个区域：闽南区、闽东区、莆仙区、闽北区、闽中区和闽西客家区。

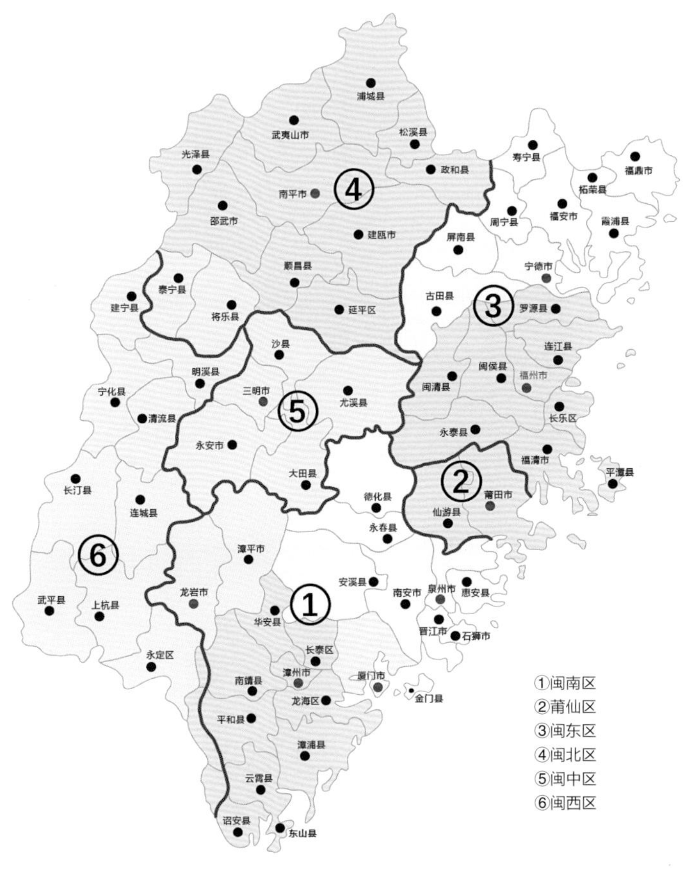

福建分区示意图

福建传统建筑的六个区域

一、闽南区传统建筑

闽南区位于福建省南部，包括今泉州市、漳州市、厦门市所属各县（区），以及龙岩市的新罗、漳平。

闽南传统建筑的外部材料以红砖、白石为多，内部材料以木构架为主。传统民居的平面格局大多是以“三合天井”型或“四合中庭”型为核心，向纵、横或纵横结合发展起来的。在城镇人口密集地区演变出“竹竿厝”“手巾寮”的街屋形式。出于防卫的需要，乡村修建了聚居建筑土楼、土堡。闽南传统建筑装饰精美，色彩艳丽。屋面形式丰富生动，泉州“出砖入石”的墙面独具特色，惠安石雕闻名全国，精巧的砖雕、木雕、剪粘也很有特色。

1. 闽南地域建筑特色

（1）以合院为中心组织布局：闽南传统民居的平面格局，都是以三合院或四合院为核心或基本单元组合演变而成。

（2）独特的闽南红砖建筑：闽南民居以红砖建筑最具地方特色。红砖建筑分布范围以泉州为中心，大致包括今晋江、九龙江两大平原区域及其沿海岛屿。

（3）精湛的石构建筑：闽南民居建筑中，石材得到充分的运用。石材不仅作为建筑构件以及石雕细部装饰，而且直接用来砌筑墙体，甚至建造全石构房屋。

（4）装饰丰富，色彩浓艳：闽南的人文性格具有海洋文化的特点，敢于冒险，追求财富，民众性格开放而偏爱装饰。

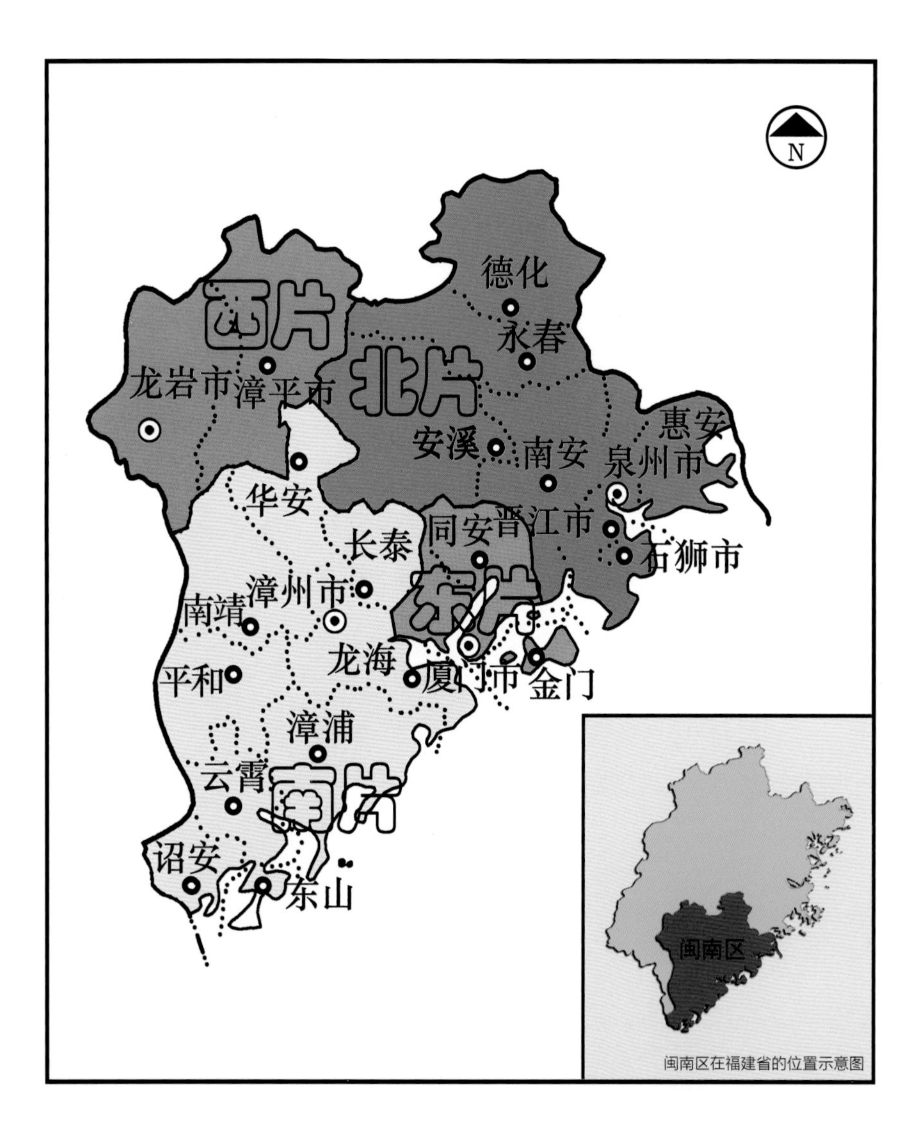

2. 闽南建筑的主要类型

（1）三合院

三合院是闽南小户人家较常采用的住宅形式。以三合院为基本单元，可以根据地形向纵向或横向扩展，组合演变成中、大型民宅。

龙海埭尾村陈氏“三合院”

龙海紫泥民居三合院

（2）四合院

四合院是闽南传统民居最主要的建筑形式，因其规模较大，较具私密性，为人们所喜用。四合院也是闽南民居常用的一种基本单元，可以向纵向或横向扩展，组合演变成中、大型民宅。

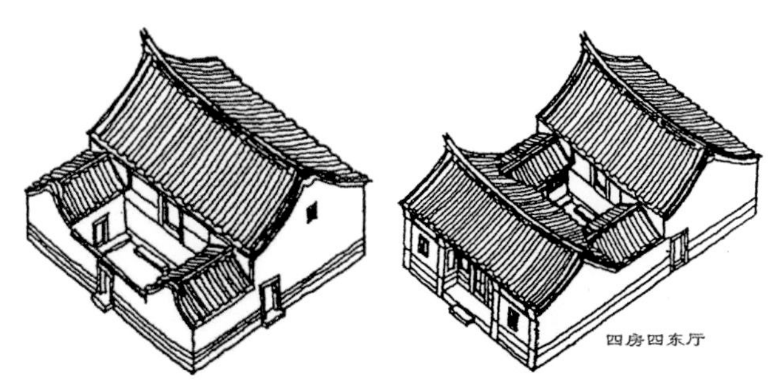

厦门同安一带称三合院为“四房二东厅”，四合院为“四房四东厅”

厦门市海沧民居四合院

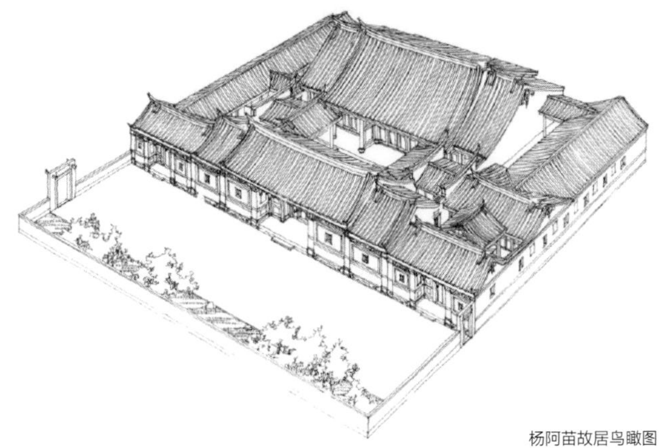

杨阿苗故居鸟瞰图

杨阿苗故居

（3）多院落大厝

多院落大厝是闽南传统民居的典型样式，进深至少三进，称“三落大厝”“四落大厝”等。多院落大厝多是地方望族或历代获得官衔者阖族而居的大型宅第，规模宏大，布局严谨，装饰精美。

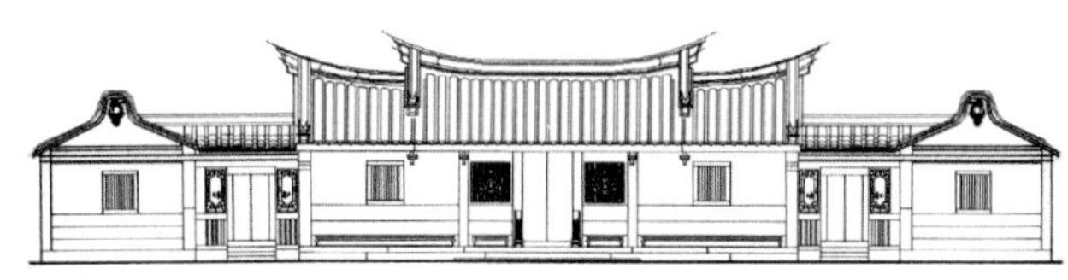

漳州蔡竹禅宅立面图

龙海市角美镇杨厝村林氏义庄

漳浦蓝廷珍宅鸟瞰图

南安市石井镇中宪第

（4）“手巾寮”“竹竿厝”与骑楼

“手巾寮”是泉州的叫法，在漳州称“竹竿厝”。这是一种商住一体的建筑模式，平面特点是面宽较窄，但进深很长，平面狭长如手巾，又像竹竿数节串列。

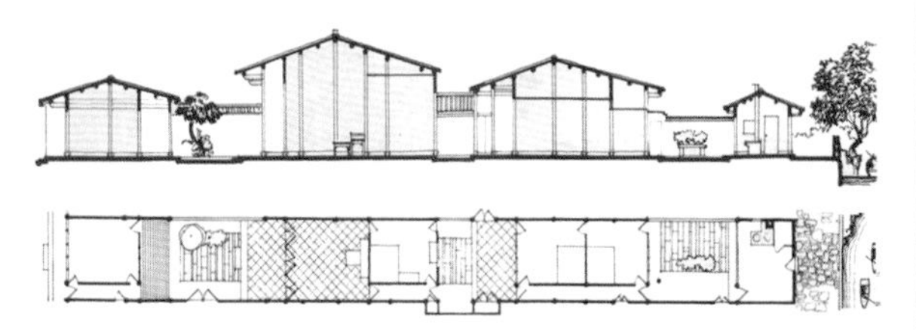

“手巾寮”平面（下）与剖面（上）：鲤城区后城何宅

鲤城区三朝巷“手巾寮”组群

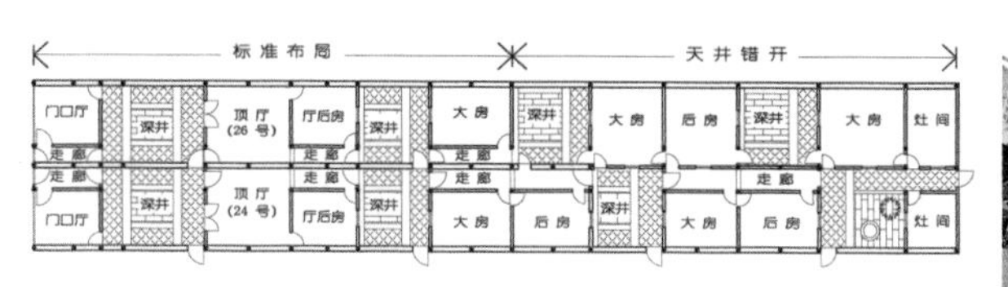

直线廊道式与深井错开式：鲤城区三朝巷

漳州市云霄县和平古街骑楼

漳州市芗城区新行街“竹竿厝”

漳州台湾路骑楼

厦门大同路

漳州新华东路“竹竿厝”楼井

漳州香港路骑楼“竹竿厝”

（5）闽南土楼

闽南土楼主要采用单元式布局。以3~5层的围合型夯土楼房为主体建筑。土楼的外围是承重的夯土墙，石砌基础，墙脚用卵石或块石、条石干砌。

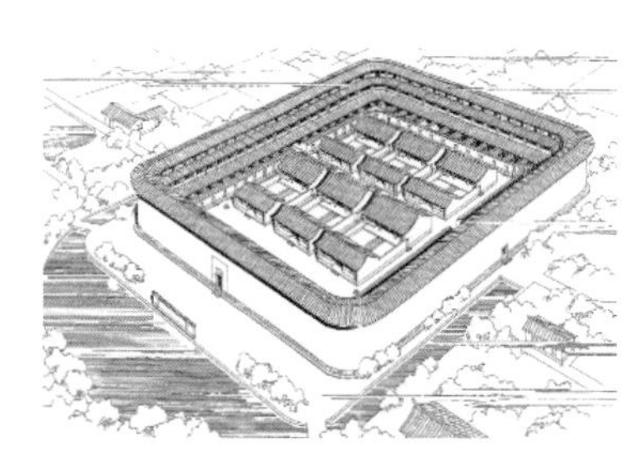

西爽楼

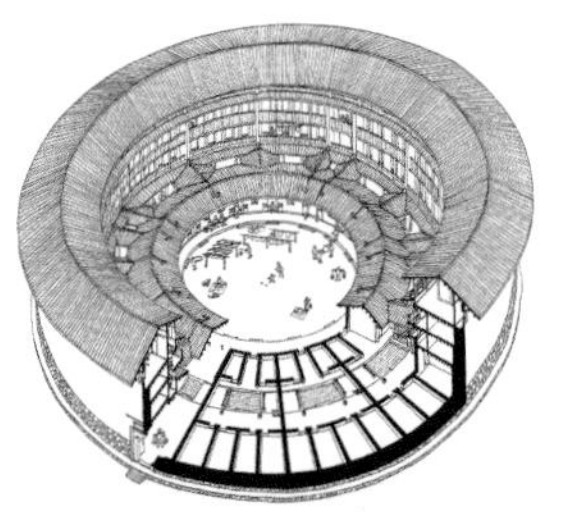

二宜楼剖视图

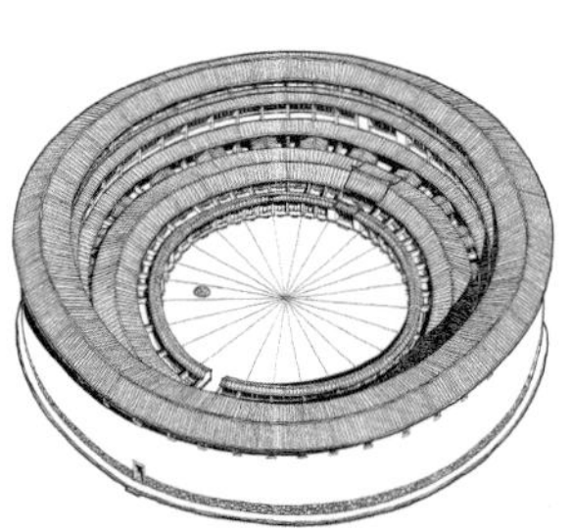

龙见楼

西爽楼内院

清晏楼

平和县清溪楼

华安县仙都镇大地村二宜楼

漳州市南靖县田螺坑土楼群

二宜楼内院

（6）闽南土堡

土堡是闽南民间以乡族为组织修筑的居住建筑，可分为围城式与家堡合一式。土堡的堡墙高大厚重，一般是单独夯筑的封闭性围墙。

赵家堡完璧楼

漳平市灵地乡易坪村泰安堡

漳平市泰安堡的跑马道

3. 闽南建筑元素与装饰

（1）屋顶

闽南传统民居的屋顶为双曲面，屋脊曲线两端升起。屋顶为硬山式或悬山式。屋脊为燕尾式或马背式。

泉州天后宫屋面为全筒瓦屋顶

厦门大嶝民居的燕尾脊

泉州杨阿苗宅屋顶

厦门海沧民居屋顶做法——三川脊

南安民居屋顶

泉州民居屋顶

泉州某民居燕尾脊

南安某民居燕尾脊之一

南安某民居燕尾脊之二

（2）墙身

闽南传统民居的墙体用材与砌筑形式多样。墙体按用材分为夯土墙、土坯墙、砖墙、石墙、木墙、编竹（木）泥墙、海蛎壳墙等，有如下几种代表性的做法：红砖封壁外墙、出砖入石、方仔石墙、牡蛎壳墙、山墙。

泉州“出砖入石”墙体之一

泉州民居的镜面墙

泉州海蛎壳墙

晋江方仔石墙

泉州民居的规带

泉州民居的牵手规

南安民居墙体

泉州“出砖入石”墙体之二

金门“出砖入石”墙体

南安民居墙体

水形山墙

闽南脊坠

金式山墙

火形山墙

土形山墙

木形山墙

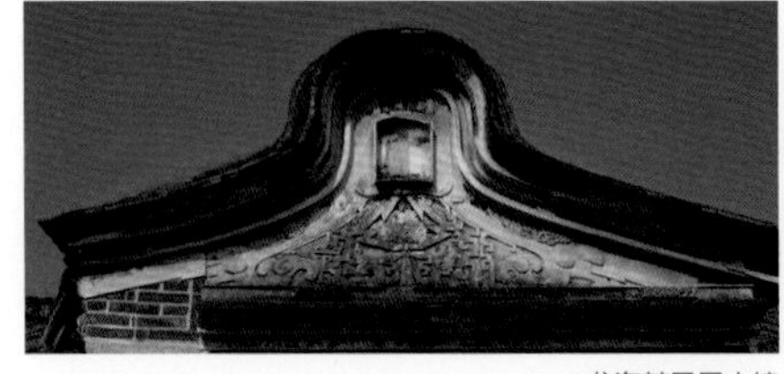

龙海某民居山墙

金门某民居山墙之一

金门某民居山墙之二

（3）入口

闽南四合院和多院落大厝的入口大门居中，前厅明间通常内凹一至三个步架的空间，称“塌寿”“凹寿”。

漳州、厦门地区的传统民居有的不设塌寿，而是将前檐墙退后一二个步架，形成檐下空间，由两山伸出挑檐石支撑出檐，称“透塌”。

闽南“孤塌”前厅

金门杨华故居

泉州市亭店杨阿苗宅入口

闽南“双塌”前厅

泉州某民居入口

龙海某民居入口

漳州新华西路竹竿厝入口

（4）建筑装饰

石雕：闽南石雕以惠安石雕最为著名。石雕在闽南民居建筑中运用广泛。

砖雕：闽南的砖雕用红砖，绝大多数属于在已烧好的砖上雕刻的窑后雕。红砖比较易碎，因此多用浅浮雕或线刻技法。

剪粘：闽南的剪粘装饰在全国独树一帜。剪粘是一种现场施工的瓷片镶嵌技巧。

水车堵：水车堵也称水车垛，流行于闽南与台湾地区，是位于房屋外墙檐下的水平装饰带。

蔡竹禅宅西式山花

泉州民居红砖砖雕

泉州杨阿苗宅入口塌寿青石雕

晋江龙山寺交趾陶

海沧民居檐下水车堵

东山关帝庙太子亭屋顶剪粘之一

东山关帝庙太子亭屋顶剪粘之二

二、莆仙区传统建筑

莆仙区位于福建省沿海中段，包括今莆田市所属各区（县），全境为木兰溪、萩芦溪流域。

莆仙区的传统建筑受中原京城居住文化影响至深。城区人口密集的地方，不乏深宅大院，多是纵向多进式合院布局，具有官式建筑的气派。山区民居多为横向布局，浅进深，宽开间。建筑外观竭力追求规模气派，细部过分堆砌，铺满墙面的装饰使得建筑外立面极其花哨，具有明显的炫耀性。外墙面采用“砖石间砌”和“红壁瓦钉”的处理手法，有其独到之处。

1. 莆仙地域建筑特色

（1）以主厅堂为中轴线的对称式平面布局：有一条明确的中轴线，左右对称，主次分明，而且以中轴线上系列厅堂的大尺度为人们所注目。

（2）封闭的建筑外观与开敞的内部空间相结合：建筑外观封闭，内部空间开敞，一是能起到保安、防卫等作用，二是隐蔽含蓄，自成一体。

（3）以木构架为承重，生土墙为围护的结构体系：大量采用木构架作为主要承重构件，生土墙则起着分隔空间、内外围和挡风遮雨的作用。

（4）满装饰：莆仙区所遗存的明代至清前期的宅第，装饰都较为简洁。晚清及民国时期的民居，装修装饰越来越奢侈豪华。“满装饰”是莆仙民居尤其是华侨民居的一大特点。

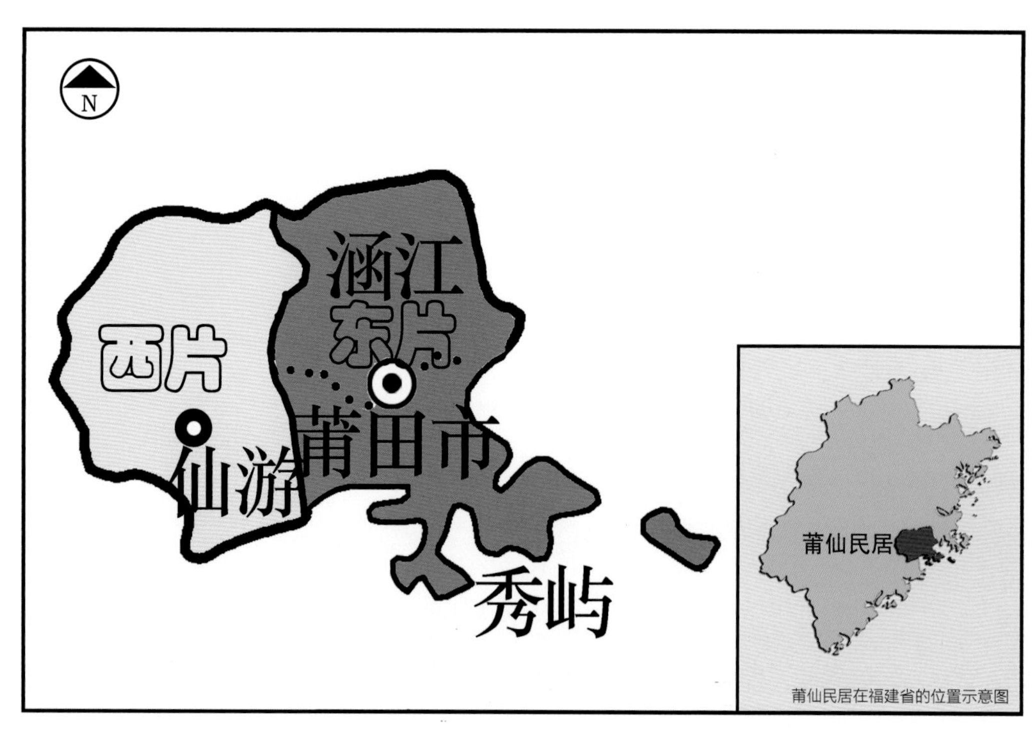

莆仙民居在福建省的位置示意图

2. 莆仙建筑的主要类型

（1）三间厢与四目厅

三间厢、四目厅是以厅堂为中心的单体建筑，是莆仙区最常见的小型民居形式。

莆田三间厢民居之一

鲤南镇黄氏民居

沿海侨乡四目房楼房

鲤南镇张氏民居

西天尾镇后黄村

莆田三间厢民居之二

（2）五间厢

五间厢是莆仙区最为常见的民居建筑形式。它既是以厅堂为中心的单体建筑，也是小型民居向大厝发展的基础单位。

莆田五间厢民居之一

五间厢的主座、里埕与两侧的伸手屋

莆田五间厢民居之二

莆田五间厢民居之三

林天顺宅的主座与门口廊

鳌堂别墅里埕、院门与伸手屋

鳌堂别墅外埕与院门

（3）连体大厝

连体大厝是以天井为中心的单元院落建筑，规模宏大，布局严谨，是莆仙传统民居的典型代表。

仙游某民居之一

莆田七间厢民居

仙游某民居之二

仙游前连丁氏连体大厝

（4）华侨民居

华侨民居融合了莆仙传统五间厢三合院的布局与南洋的建筑元素，是莆仙民居中较有特色的一种类型。

九开间的佘宅

林振美宅的庑殿顶与东入口

十一开间的大丢厝及其庑殿顶角楼

林伯欣宅立面细部

国欢镇林伯欣宅西南侧

佘氏六合别墅

佘氏六合别墅的里埕、伸手屋

3. 莆仙建筑元素与装饰

（1）屋顶

莆仙传统民居的屋顶形式多为双坡面悬山顶。屋面呈双曲面起翘升起尤为明显，勾画出优美的天际轮廓。屋面施红瓦或青瓦。

莆田民居屋面

莆仙寺庙三段式尾顶

莆田某民居屋顶之一

仙游“民居“桁头瓦”

莆田某民居屋顶之二

仙游民居护厝山墙下加一披檐

莆田某民居屋顶之三

仙游民居立面端部歇山顶山花处理

（2）墙身

莆田民居在夯土墙的外侧加砌红砖“护墙”形成复合墙，仙游民居的正立面墙脚通常以规整的青石斜砌，并用白灰勾缝，形成斜方格石墙裙。

在夯土墙或木构架上贴红壁瓦，俗称“满堂锦”。莆仙民居的山花常采用此法，既保护墙体又装饰墙面，很有地方特色。

“砖石间砌”墙体

莆田民居外墙之一

仙游民居外墙之一

仙游民居外墙之二

仙游民居石墙基处理

红砖顺砌与花岗岩丁砌

莆田民居外墙壁瓦

莆田民居外墙之二

（3）前院

莆仙传统民居的前院分敞开式和封闭式。平民百姓住宅的大院多为敞开式。明清时期官宦的宅第，前院多为封闭式，其规制有别于平民的宅院。

莆田市涵江区新桥头路华侨民居

仙游民居前院

莆田民居

（4）入口

莆田传统民居的正面多作凹廊式，仙游传统民居的正面多作凹斗式。

莆田三和堂入口

凹斗式民居入口之一

凹斗式民居入口之二

（5）装饰

木雕：莆仙区木雕装饰的重点是廊檐和厅堂。廊檐的雕饰主要是以廊柱上头为中心向前后左右展开的建筑构件。厅堂的梁枋、斗栱、雀替、神龛、隔扇门、木窗等处是室内装饰的重点，尤其是大厅横枋上的楣额（俗称“前后楣”）雕饰极为精彩。

石雕：莆仙民居的墙身正面（俗称“码面”）、门枕石、柱础、天井井壁、石窗等部位采用石雕装饰，工艺精湛。

砖雕：砖雕装饰主要流行于仙游县。砖雕的题材有花鸟、动物和历史人物故事等，工艺有线雕、浮雕和剔地平雕等。

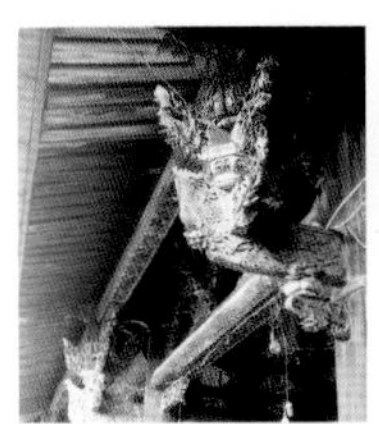
莆仙民居的檐下装饰

莆仙民居的木装饰

莆仙民居的架梁斗栱

仙游民居墙饰之一

木门簪雕刻

仙游红砖雕

莆田民居墙饰

仙游民居墙饰之二

仙游红砖雕

莆田西洋式石雕

仙游民居墙饰之三

仙游民居窗饰

三、闽东区传统建筑

闽东区位于福建省东部、东北部，包括今福州市、宁德市所属各县（区）。

作为省会城市，又有闽江下游富饶肥沃的土地资源，加之悠久的传统文化底蕴，使福州传统建筑具有鲜明的江城文化特色。历代不乏达官贵人在此修庙造塔、建宅立业，建筑类型较多，工艺水平也较高。闽东房屋建筑的外墙以白色或黑灰色为主，格调素雅。纵向组合的多进天井式布局如“三坊七巷”建筑群是福州民居常见的布局形式，曲线多变的封火山墙是闽东建筑最为突出的外部特征。宁德山区的木楼居、福安民居的木悬鱼也很有特点。在墙体材料上，福州民居的外围护墙采用“城市瓦砾土”墙，福清民居采用灰包土夯筑墙，可谓匠心独具。

1. 闽东地域建筑特色

（1）纵向组合的多进天井式布局是福州民居常见的布局形式：闽东传统民居深受儒家礼制影响，等级比较严谨，面宽多为三开间或五开间。

（2）封火山墙是闽东传统建筑最具特色的外部特征：因连片建造的木构民居在防火要求上特别突出，户与户之间设封火墙就显得十分必要。封火山墙既有实用功能，又具观赏价值。

（3）因地制宜，就地取材，形式多样：闽东区跨越幅度大，建筑类型较多，建筑风格多样。由于地形地貌的多样性和不同的风俗习惯，即使处于同一地区，各地的建筑风格也不尽相同。

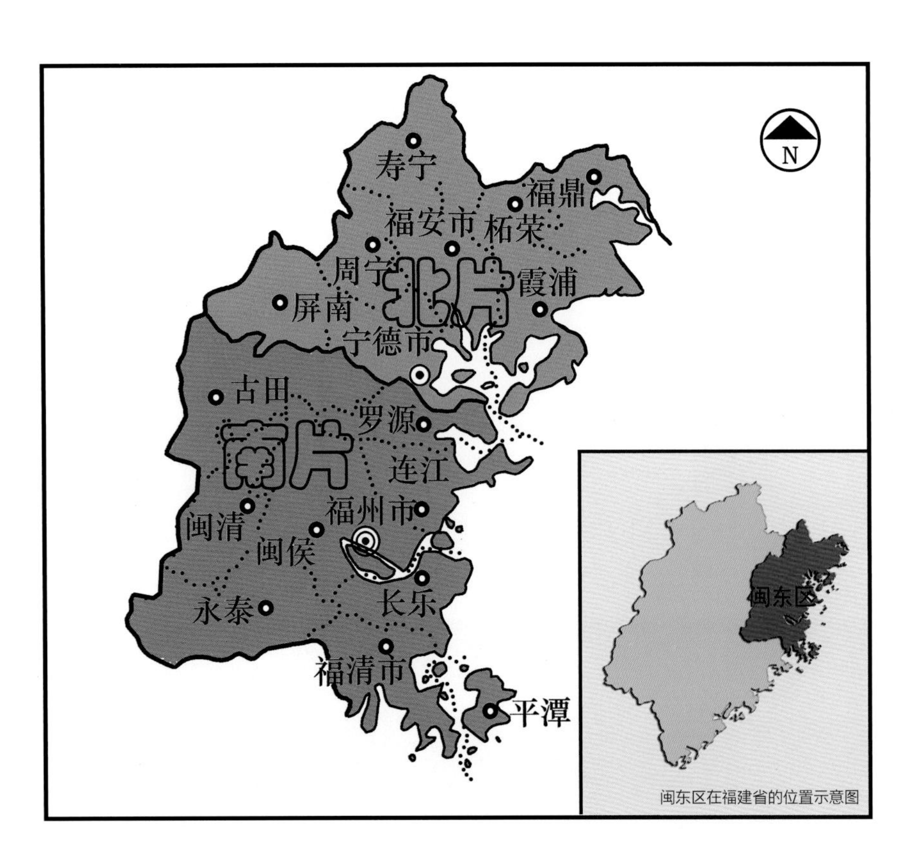

2. 闽东建筑的主要类型

（1）柴板厝

柴板厝也称柴栏厝，是以木材为承重和围护结构材料的联排木屋，分布于福州地区大街小巷的沿街面，多为平民百姓居住。

福州市鼓楼区南后街柴板厝

福州三坊七巷南后街新式柴板厝

（2）院落式大厝

院落式大厝是福州地区常见的民居类型。它以院落为中心，由院落和敞厅组成“厅井空间”，沿纵向或横向扩展形成多进式大厝，是闽东区具有代表性的传统民居。

沈葆桢故居入口与内景

院落式大厝的核心：厅井空间

院落鸟瞰

闽清县坂东镇宏琳厝

长乐市“九头马”民居

福州三坊七巷的院落式大厝鸟瞰

院落式大厝主入口、马鞍墙与墀头

（3）闽东排屋

闽东排屋是闽东山区结合山地地形发展出的一种联排屋，具有中轴对称、主次分明、经济实用的特点。主要分布在宁德地区的山区或县、镇用地比较紧张的地方。

福鼎市管阳镇西昆村排屋

闽东排屋外立面

福鼎民居

（4）三合院楼居

三合院楼居是闽东传统民居中典型的小型住宅。闽东三合院楼居因地形不同，大致有两种形制：沿海三合院以天井为中心，天井呈矩形，较宽敞；山地三合院以厅堂为中心，前后设狭长天井。

福安三合院楼居

福安民居

三合院楼居屏风墙

（5）闽东大厝

闽东大厝是对宁德地区多进多落大厝的俗称，多是富甲一方的地主商人所建，其规模宏大，布局严谨，装饰精美，是闽东区传统民居的典型代表。

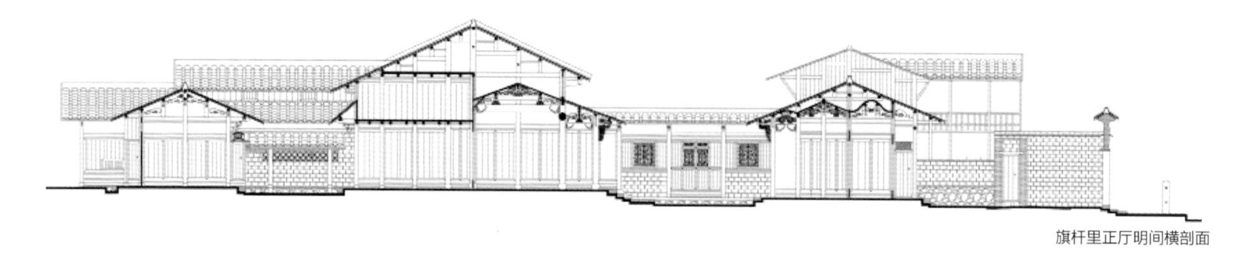
旗杆里正厅明间横剖面

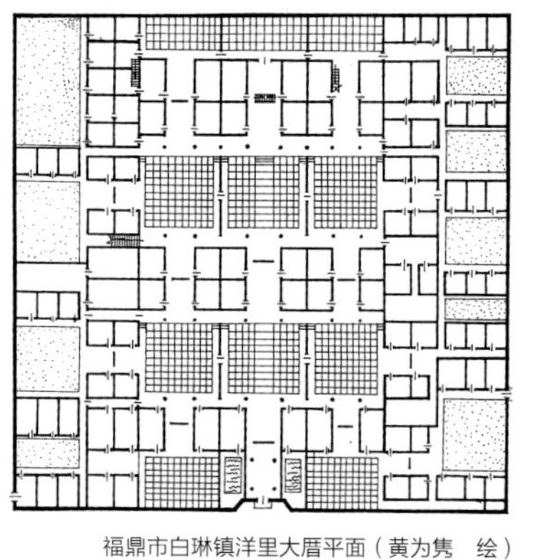
福鼎市白琳镇洋里大厝平面（黄为隽　绘）

洋里大厝托木

闽东大厝内贯通各落的外廊

抬梁穿斗混合式构架

（6）寨堡

寨堡是位于福州山区的防御性极强的居住建筑，福州寨堡在福州院落式大厝的基础上，把外围一圈的墙体加厚，形成坚固的寨墙。平面一般为方形，高2~4层。

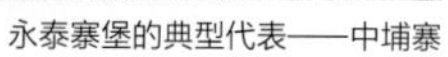
永泰寨堡的典型代表——中埔寨

寨庐外围墙体

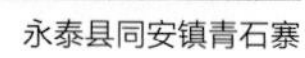
永泰县同安镇青石寨

闪庐内庭

岐庐全景与内庭

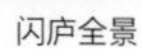
闪庐全景

闪庐入口

福清东关寨

3. 闽东建筑元素与装饰

（1）屋顶

闽东传统民居上覆青瓦，屋顶常见悬山和硬山两种做法。宁德民居的悬山屋顶坡度陡峭，山墙面显露出木构架，悬挂着修长的木悬鱼。

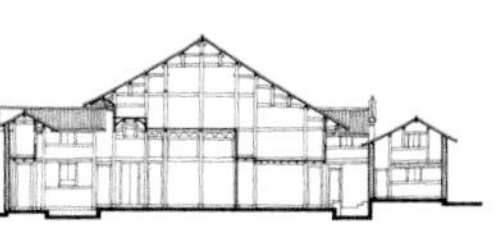

福安民居

三合院楼居屋顶鸟瞰

（2）墙身

闽东传统民居的外围护墙体常采用夯土墙或青砖空斗墙，勒脚用毛石或卵石砌筑，内分隔墙用木板或毛竹夹板。在各种墙体中，以福州的“城市瓦砾土”墙和福清的灰包土夯筑墙最为独特。

福州民居之一

福州“城市瓦砾土“墙体

永泰“穿瓦衫”墙体

福州民居之二

（3）封火山墙

闽东区的封火山墙体量高大，曲线优美舒展，大起大伏，成为传统民居形体造型的重要元素。封火山墙的主要功能是围屋、防火，同时也极具装饰效果。为了遮挡风雨对夯土墙体的侵蚀，常见在山墙墙体挂瓦，使墙体既防雨又美观。

福安民居山墙之一

福安民居山墙之二

福州民居山墙之一

福州民居山墙之二

罗源民居山墙

闽清民居山墙之一

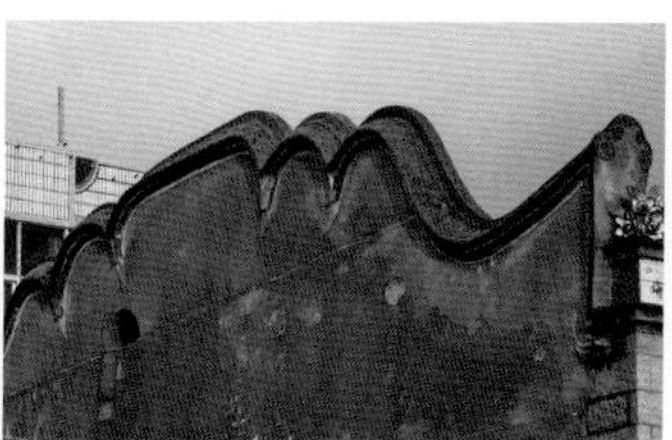

福清民居山墙之一

福州民居山墙之三

福清民居山墙之二

闽清民居山墙之二

闽侯民居山墙

长乐民居山墙之一

长乐民居山墙之二

侨丰村陈白林厝民居山墙

林敦良祖屋民居山墙

长乐民居山墙之三

(4) 木悬鱼

宁德地区尤其是福安传统民居的木悬鱼比例细长，轮廓挺直，形象简洁，细部精致，有如飘带悬垂，与轻巧的屋顶轮廓相协调。

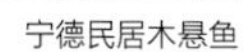

宁德民居木悬鱼

福安民居木悬鱼之一

福安民居木悬鱼之二

(5) 山水头

福州地区民居风火山墙头作燕尾翘起，且灰塑彩绘精美的线脚及堵框，彩塑狮子、山水等装饰。

福州民居山水头

闽清民居山水头

(6) 门楼

福州地区民居门楼较简洁，常见单坡披檐门罩，由大门两侧墙体中伸出的木栱支撑，屋面或作斜坡式，或作成亭翼翘檐状。宁德地区各县的门楼造型各异。

福州民居门楼之一

福州民居门楼之二

霍童民居入口门楼

福安罗江民居入口门楼

福州民居门楼之三

（7）建筑装饰

木雕：闽东传统民居的木雕极其精美。雕刻艺术形式有圆雕、浮雕、透雕，有单幅雕、组雕、连环雕等。

灰塑：灰塑是以牡蛎壳捣成灰或石灰加麻巾，加水搅拌、锤筑，而后在墙体上进行堆塑雕塑。

彩绘：彩绘多用于封火墙山水头的凹面暗角（枭混线）、屋面正脊前后墙堵、正门门墙、天井两侧书院屋面的防溅墙等处的装饰。

寿宁民居托木

寿宁县龚宅竖材“母子情深”木雕

宁德市霍童镇章族宗祠书卷式墀头

福鼎民居牛腿装饰

福州民居梁架

闽清民居挡溅墙彩绘与灰塑相结合

寿宁民居梁架

福州木构架装饰

福州窗饰

福州木栏杆

四、闽北区传统建筑

闽北区位于福建省北部，包括今南平市所属各县（区）、三明市部分县（区），全域是闽江上游的三条重要河流建溪、金溪和富屯溪流域。

闽北区是福建最早开发的地区，又是朱熹讲学、著述之地，书院文化发达。不仅各地书院众多，在大型多进合院式民居中也常设有书院或读书厅，体现了理学之邦的书院文化的延伸。闽北盛产木材，民居、廊桥等传统建筑广泛使用杉木作为建筑材料。木材表面不施油漆，显得朴实、简洁、实用。传统民居如吊脚楼、合院式民居、“三进九栋”式民居等，至今沿用木作穿斗式结构和大出檐瓦屋面。规划水平甚高的村落布局、错落有致的马头墙、工艺精湛的砖雕艺术等，既是闽北传统建筑的成功经验，也体现了闽北建筑深厚的文化底蕴。

1. 闽北地域建筑特色

（1）建筑依山就势，层层跌落：民居建筑因地制宜，依山就势，布局较为自由。

（2）建筑形式多样：闽北传统民居的形式多样。在街市上，有“竹竿厝”式民居，在山区尤其是一些依山傍溪的村落，有“干阑式”的二层木楼房，但闽北传统民居更多的是合院天井式布局。

（3）充分利用木材资源：传统民居就地取材，最大限度地利用木材资源。

（4）厚实的围护墙体：闽北传统民居多为合院天井式布局，四周有高高的封火墙围护。高大厚实的封火墙，既有防火的功能，更是安全防卫的需要。

（5）精湛的砖雕艺术：砖雕是闽北区最有特色的建筑装饰艺术，砖雕在传统民居上得到广泛运用。

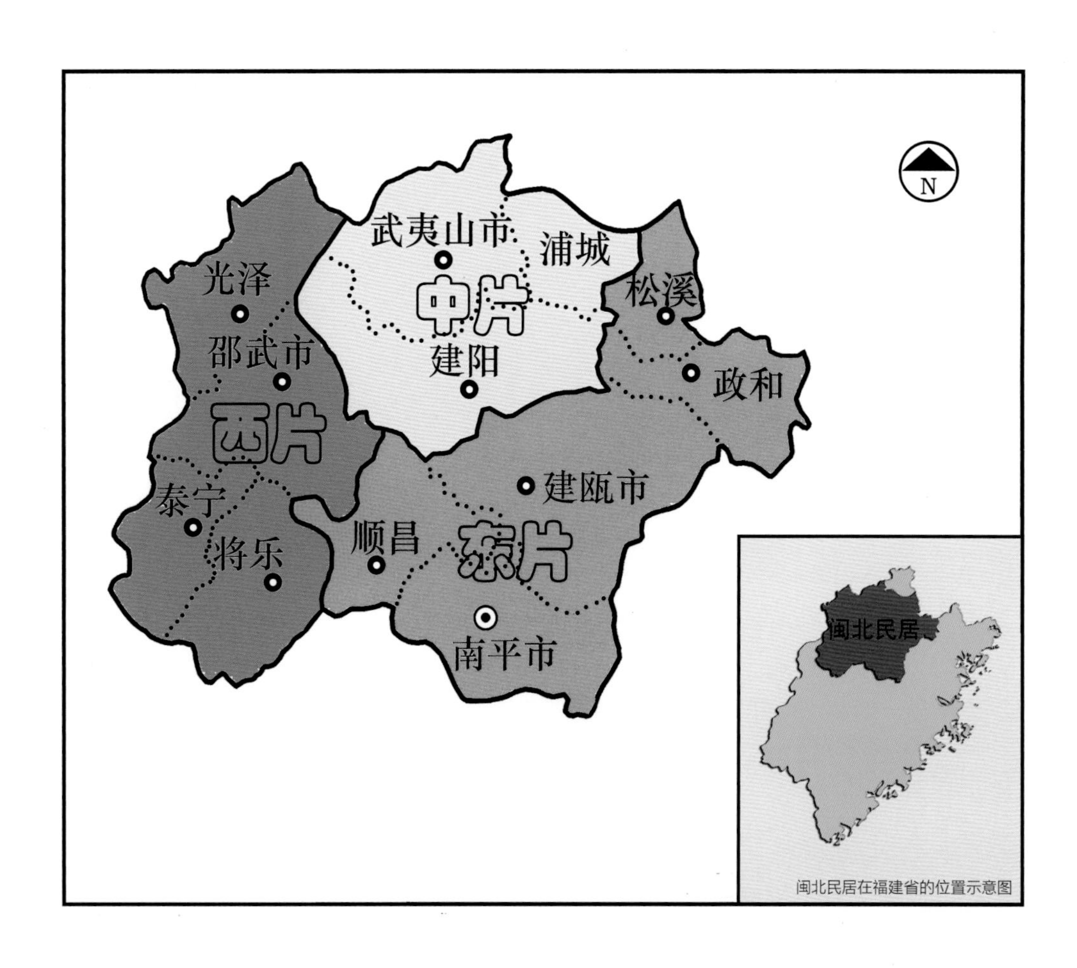

2. 闽北建筑的主要类型

（1）合院

院式民居是闽北区较为常见的传统民居形式。平面布局以天井为中心，由正房与两侧厢房围合形成合院。

饶加年宅平面

饶加年宅大门

饶加年宅天井

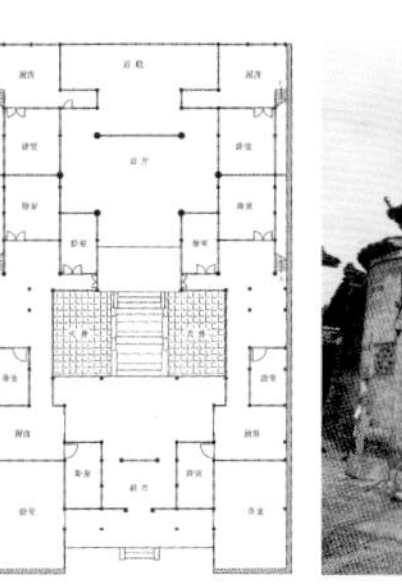

四合院平面图

邵武市金坑镇儒林堂

（2）“三进九栋”

“三进九栋”也称“三厅九栋”。“三”和“九”都是虚指，意思是前后多进院落，总体布局一般是依中轴两边展开，层层递进。“三进九栋”式民居为古代富商和官宦的住宅。

顺昌元坑东郊三大栋

邹氏大夫第后花园

尚书第“曳履星辰”门

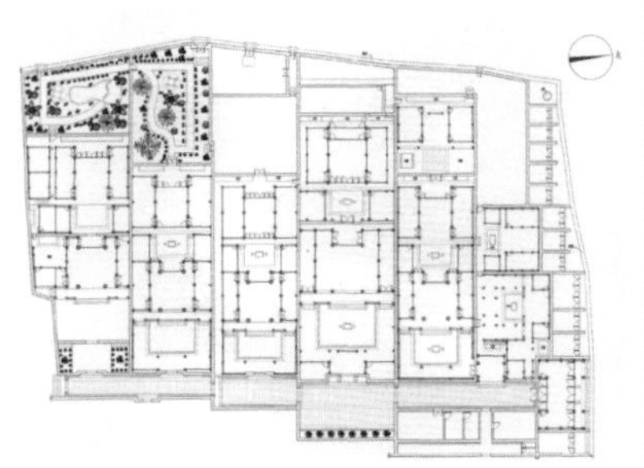

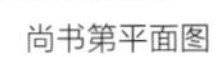

尚书第平面图

泰宁尚书第“三进九栋”形式

穿斗抬梁混合的建筑构架

（3）吊脚楼

吊脚楼是我国南方“干阑式”建筑一种独特的类型。福建省内的吊脚楼建筑主要分布于闽北山区，在一些依山傍溪的村落尤为多见，是有效利用地形的建筑形式。

建宁吊脚楼

泰宁老虎际民居之一

南平建瓯崇雒乡吊脚楼

泰宁老虎际民居之二

桂峰茶坊入口

桂峰茶坊悬空部

3. 闽北建筑元素与装饰

（1）屋顶

闽北传统民居的屋顶多为悬山或硬山式，寺庙宫观、楼阁等多为重檐歇山屋顶，飞檐翘角，角叶悬垂。

横街11号屋顶

桂峰茶坊屋顶

建瓯市东岳庙大殿屋顶

（2）墙身

闽北传统民居的外围护墙体大多是夯土墙，石砌墙基。

将军街46号——石板坪土库

武夷山城村高高的夯土墙

光泽民居墙体材料：鹅卵石，砖，夯土

延平民居墙体材料：夯土

泰宁民居墙身

建瓯民居墙身

武夷山民居墙身

建瓯民居墙身

（3）封火山墙

闽北传统民居四周以封火墙围合，各厅堂的山墙处也常做成硬山的封火墙。封火山墙的形式多样，有“一”字跌落式、曲线形、马鞍形等。

泰宁某民居封火山墙之一

泰宁某民居封火山墙之二

南平延平区巨口乡馀庆村马鞍形封火山墙

泰宁某民居封火山墙之三

南平延平区马鞍形封火山墙

南平邵武市和平镇坎头村“一”字跌落式封火山墙

南平延平区“一”字跌落式封火山墙

（4）门楼

闽北传统民居的门楼独具特色。门面多用石条和青砖砌成，饰以精美的砖雕。

闽北民居门楼跌落的马头墙

顺昌县元坑镇蔡氏宗祠门楼

建阳书坊乡书坊村大夫第门楼

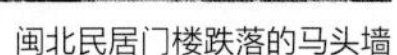

武夷山民居门楼

武夷山下梅村民居门楼

顺昌县元坑镇吴氏宗祠门楼

邵武市和平镇坎头村廖氏宗祠门楼

（5）柱础

闽北传统民居的柱础别具一格。除了四角、六角、八角形或圆形等常见的造型外，还有明代的覆盆式柱础、楼阁式石柱础，以及罕见的全木质柱础。

武夷山市民居木柱础

赤色砂岩打制的八棱形柱础

建瓯民居柱础

武夷山民居柱础之一

武夷山民居柱础之二

（6）建筑装饰

砖雕：闽北的砖雕富有地域特色。砖雕以浮雕为主，也有透雕、线刻等。主要用在民居、祠堂等传统建筑的大门门楼、分隔庭院空间的檐墙、山墙墀头等处。

木雕：闽北传统民居的木雕粗犷有力又不失精致华丽。木雕装饰广泛出现在梁架、斗栱、雀替、门窗、神龛等处。

彩绘：彩绘、彩画多出现在传统民居的墙头、梁枋、斗栱、天花、藻井和柱头上。外墙彩绘多为青、白、蓝相间，颜料系植物熬制，经百年风雨仍不褪色。

武夷山市青砖砖雕

泰宁县尚书第象鼻栱梁架

武夷山下梅村砖雕

建瓯文庙彩画

窗花

雕纹花饰

花格窗

木雕

山水头

闽北传统建筑梁架斗栱

南平市民居梁架木雕

象鼻栱

美人靠

木装饰

五、闽中区传统建筑

闽中区位于福建省中部，包括今三明市的永安、三元、梅列、沙县、大田、尤溪。

特殊的地理环境和社会环境，使闽中区逐步形成独处山区，自成一体，淡泊名利的文化现象。体现在建筑的风格上，形成了外观纯朴、不求奢华、讲求实用的山林文化气质。村落布局以散居为主，传统建筑以木构为主，青瓦白墙的民宅星星点点，与规模壮观的土堡相映成趣。土堡由高大厚实的土石堡墙围合着院落式民居组合而成，是闽中区最有特色的防御性乡土建筑。

1. 闽中地域建筑特色

（1）建筑风格兼容并蓄：闽中传统民居呈现出多元的建筑文化现象，各种建筑风格的兼容并蓄，孕育了具有闽中地域特色的建筑形式。

（2）木构架常用作承重结构：在闽中传统民居中，材料来源最为广泛、使用最频繁的要数木材。传统民居以木构为主，采用的是木构架承重，木板壁隔断。

（3）防御功能突出：为了保护来之不易的财富和更为重要的身家性命，各家族、各村庄建寨筑堡的现象比比皆是。闽中民居四周封闭的围墙、院内或厝外建造的碉式角楼，也体现了强调安全的构筑理念。

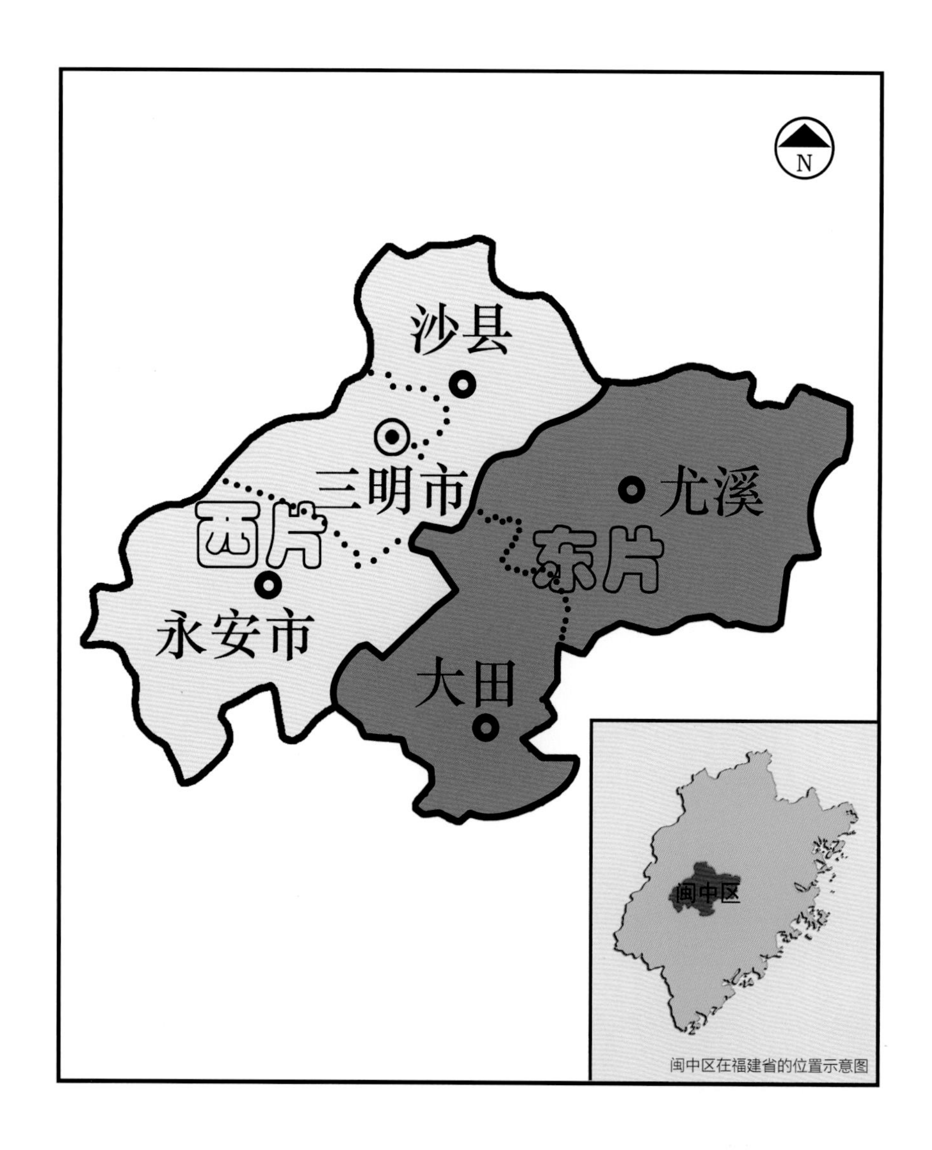

闽中区在福建省的位置示意图

2. 闽中建筑的主要类型

（1）排屋

闽中排屋为前店后宅式，在县镇一类用地比较紧张的地方较多采用。与其他区相比，闽中排屋的进深较浅，其平面实际上是“一条龙”和“竹筒屋”式住宅的综合。排屋在平面上为带状延伸，一排有若干开间，每间基本统一模式，通常为两层。

岩前忠山村蜈蚣街

尤溪桂峰村裁缝店

沙县建国路排屋

三明市三元区忠山村排屋

沙县城关建国路东巷排屋图

岩前忠山村蜈蚣街排屋

尤溪桂峰村石印桥周边店面

（2）堂横屋

闽中堂横屋是客家堂横屋与闽中当地建筑风格结合所形成的独具特色的建筑形式。堂横式民居的布局，常以形状如“口”字形或“日”字形的合院为主体，左右两侧对称分布纵向条形横屋。

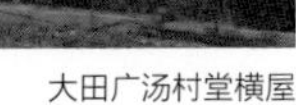

大田许思坑村堂横屋

大田县广平镇绍恢堂

大田县广平镇深源堂

大田广汤村堂横屋

大田县太华镇小华村广崇堂

（3）大厝

大厝是大户人家建府第式住宅的常用形式。其规模宏大，布局合理，防御功能较强，是极富个性的典型闽中传统民居。

大福圳鸟瞰

玉井坊之一

玉井坊之二

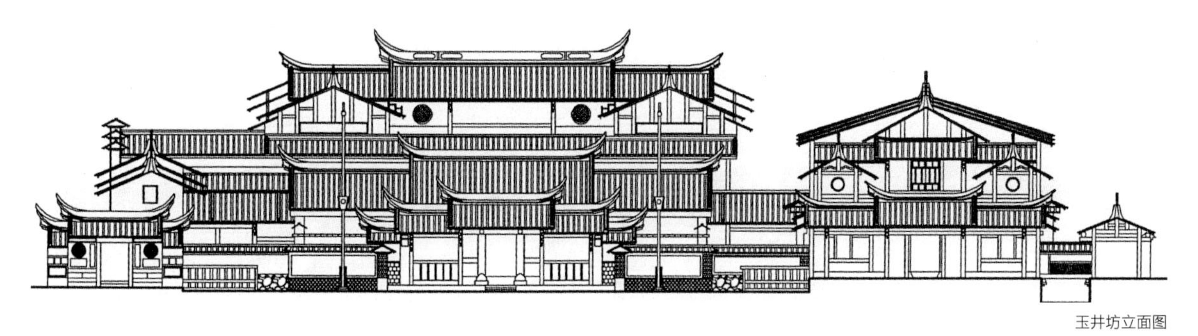

玉井坊立面图

（4）土堡

土堡是位于福建中部山区的防御性极强的居住建筑，平面布局和建筑结构独具一格。闽中土堡是由极其厚实的土石堡墙围合着院落式民居构成的，平面多为方形、长方形、前方后圆形，极少数土堡为圆形、不规则形。

带护堡壕沟的莲花堡

大田县太华镇小华村泰安堡

大田县潭城堡跑马道

建于水田中凤阳堡

入口为高台基的茂荆堡

永安安贞堡

大田琵琶堡

尤溪升平堡

大田安良堡

3. 闽中建筑元素与装饰

（1）屋顶

闽中传统民居的屋顶形式多为双坡悬山顶，坡度平缓，屋面铺青瓦。屋脊端部弧形隆起的收头造型独具地域特色。大型民居或土堡常顺应地形前低后高，屋顶也随之层层跌落，形成独特的景观。

永安市青水镇安仁桥屋顶

三明市大田县桃源镇东坂村安良堡屋顶

尤溪县台溪乡书京村天六堡主厅堂屋面

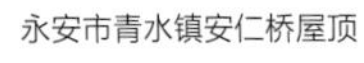

尤溪雍口徐家大院层层叠落的屋顶

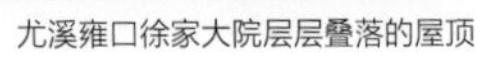

闽中民居屋顶

（2）墙身

夯土墙是闽中传统民居常见的外墙形式，基础用毛石或卵石砌筑。木板隔墙是闽中民居常用的室内空间分隔形式。

毛石墙体

生土墙体之一

生土墙体之二

灰砖空斗墙

(3) 门楼

闽中各地的入口门楼各具特色，大致可分为牌楼式和屋宇式两种。

牌楼式门楼

屋宇式门楼

闽中民居门楼之一

闽中民居门楼之二

(4) 建筑装饰

彩绘：闽中传统民居的建筑装饰以彩绘最为突出。彩绘最集中的部位是位于正堂前檐与天井两侧厢房屋面交界处的防溅墙。

木雕：一般用在梁枋、月梁、脊檩、卷棚、斗栱、雀替、门窗、太师壁等处，雕刻手法有高浮雕、浅浮雕、透雕、圆雕、线刻、鎏金等。正堂山面梁架上和檐廊梁架上的柁墩雕刻最为精湛，隔扇和门窗的木雕也很精彩。

彩绘

木雕

六、闽西客家区传统建筑

闽西客家区位于福建省西部、西南部，主要包括今龙岩市大部分县和三明市部分县。

客家移垦文化反映到传统建筑上是巨大的聚居规模和向心的布局形式。造型独特、防卫性很强的土楼是客家传统民居中最有特色的建筑类型。由居中的合院式堂屋与两侧横屋组合而成的堂横屋是客家传统民居最常见的类型。有一种大型院落式民居称为“九厅十八井”，主要是按照客家原籍地北方中原一带的合院建筑形式，结合南方多雨潮湿的地理气候环境而构建的，同样适应了客家人聚族而居、尊祖敬宗的心理需求。造型优美的客家楼阁建筑、高大气派的客家门楼也具有鲜明的地域特色。

1. 闽西客家地域建筑特色

（1）以厅堂为核心的建筑布局：客家传统民居采用以厅堂为核心的布局方式，表现出强烈的对称性和向心性。

（2）集防御与居住为一体的乡土建筑：客家区的防御性乡土建筑有土楼、土堡、五凤楼、围垅屋等类型。以上几种建筑地缘相近，外形类似，均为土木结构，都具有防御能力，但在结构、布局等方面又存在差异。

（3）高大气派的客家门楼：高大气派的客家门楼是客家人等级和地位的象征，门楼的结构和细部装饰体现了客家传统建筑的工艺水平和客家人的精神追求。

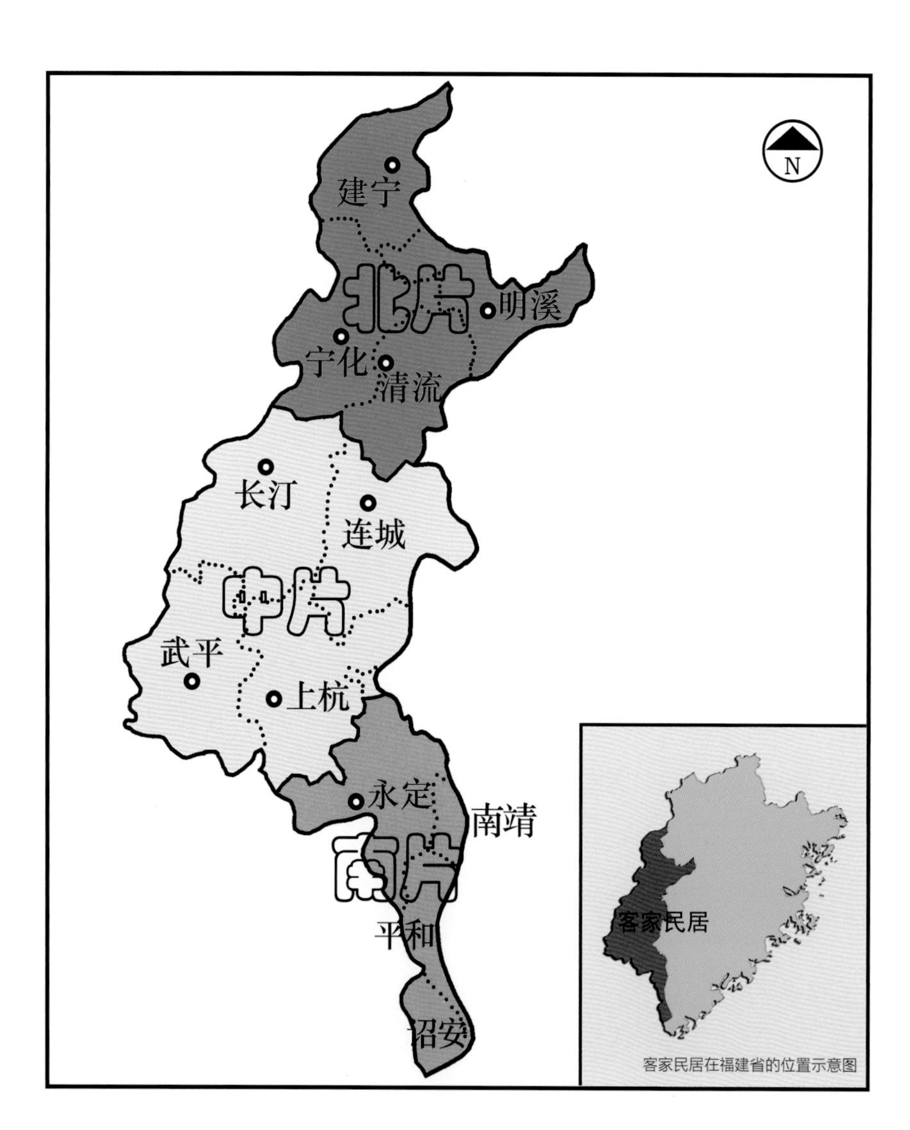

2. 闽西客家建筑的主要类型

（1）堂横屋

堂横屋是客家区最常见的民居类型，各县均有分布。它既传承了北方四合院的布局，又适应南方的气候条件，增加两侧的横屋和天井，创造了舒适的居住空间。

宁化县石壁镇修齐堂

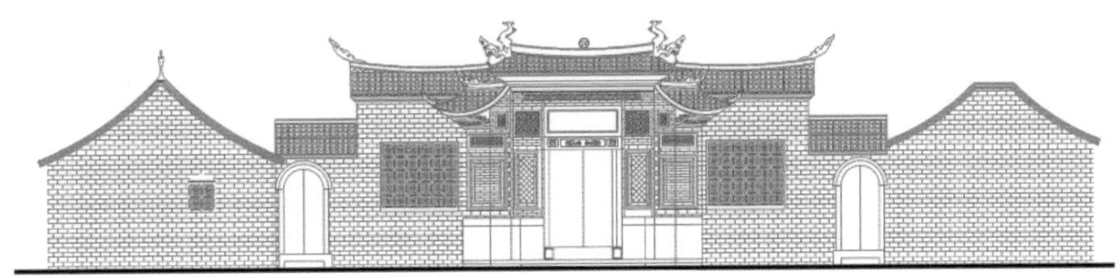

炽昌堂立面图

炽昌堂内天井

（2）九厅十八井

“九厅十八井”是在北方合院的基础上由客家堂横屋逐渐发展而成的。它适应南方多雨潮湿的气候特点，有良好的通风、采光、排水系统，又满足了客家人聚族而居的心理需求。

馆前沈宅鸟瞰

走马道

沈宅立面

馆前沈宅内院

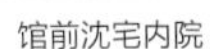

怡庆堂内外门楼

继述堂内天井

（3）围垅屋

围垅屋是在客家堂横屋的基础上，适应山坡地形，后部加半圆形围垅及“化胎”而出现的住宅类型。围垅屋多建于山坡地，建筑布局顺应地形，中轴对称，主次分明。

涂坊围垅屋大门

永定县中川村围垅屋鸟瞰

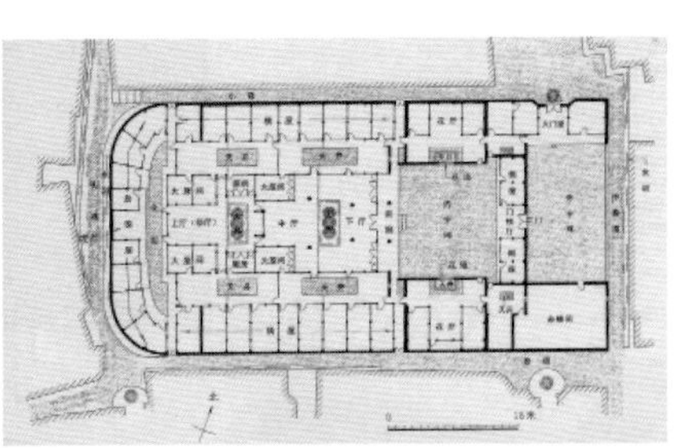

双灼堂平面图

双灼堂大门

双灼堂后围垅

双灼堂内院

（4）五凤楼

五凤楼以高大的夯土楼房而独树一帜，主要分布在永定区境内。其布局规整，主次分明，充分体现了封建礼教的尊卑次序。

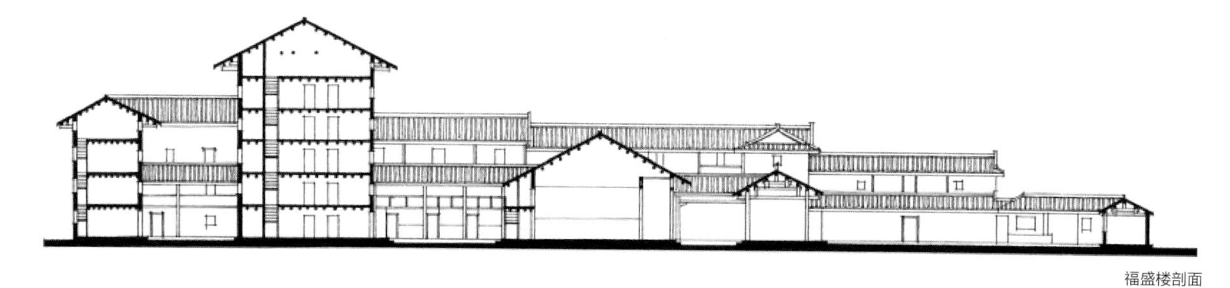

福盛楼剖面

永定大夫第

福盛楼

南靖县官洋村广居楼

（5）土楼

客家土楼是福建土楼的一种主要类型。它适应特定的历史地理环境，形成外圈围合、聚族而居、防卫性很强的巨型楼房住宅。

南靖县裕昌楼

和贵楼外景

坎下村长荣楼

承启楼外景

怀远楼外景

承启楼内院

南靖县田螺坑

振成楼内景

承启楼内院

3. 闽西客家建筑元素与装饰

（1）屋顶

客家传统建筑的屋顶形式多为硬山式或悬山式，上覆小青瓦。采用何种形式的屋顶主要依据外墙体材料而定。

南靖土楼屋顶

永定客家五凤楼屋顶

客家五凤楼的大屋顶

长汀民居屋顶

新罗区民居屋顶

永定富岭大夫第民居屋顶

（2）墙身

客家传统建筑的外墙体绝大多数为砖墙或夯土墙，墙基多用大块鹅卵石或块石砌筑。内墙体主要有木板、编条夹泥墙等。

南靖县崇兴楼

夯土墙体

客家马头墙

和贵楼夯土墙身之一

和贵楼夯土墙身之二

长汀民居墙体

客家民居墙体

（3）门楼

客家传统建筑门楼的形式和材料多样。从建筑形制上分类，有随下堂大门门楼和随前坪院墙门楼。从门楼的材料和造型分类，有牌坊式石门楼、木作如意斗栱门楼、砖砌砖雕门楼、砖砌灰塑门楼等。

客家民居门楼之一

客家民居门楼之二

长汀民居门楼

连城民居门楼

（4）楼阁

闽西客家楼阁式天后宫、文昌阁等，形式多样，造型优美，突显地域特色。

武平楼阁

上杭楼阁

客家楼阁

龙岩赤水天后宫

永定县西陂天后宫

连城县文昌阁

（5）内通廊

客家方形或圆形土楼的楼层内侧环周用通廊将房间联系起来。木结构的内廊全楼贯通，统一完整。

土楼内通廊

（6）木构架

客家传统建筑多使用梁柱木构架承重体系。祠堂、大型府第等建筑的主厅明间用抬梁式木构架，也有用于下厅入口明间。厅堂次间、横屋以及普通民居用穿斗式木构架，结构形式质朴。

客家民居梁架之一

客家民居梁架之二

武平民居构架

连城民居构架

长汀民居构架

闽西民居构架

（7）外廊

客家民居或祠堂的沿廊与牌楼组合在一起，这是客家建筑特有的形式。

连城民居外廊

（8）猫眼

猫眼为女儿墙的出水洞口。连排的洞口，多变的造型，使之独具个性。

闽西民居猫眼

长汀民居猫眼

宁化民居猫眼

（9）门窗

室内隔扇的绦环板雕刻花鸟或人物故事，形象生动逼真。门窗漏花雕刻精美，形式多样，题材丰富。

门窗格扇之一

芷溪村红砖漏窗

芷溪村红砖漏窗

芷溪村灰砖漏窗

门窗格扇之二

（10）灰塑

灰塑是以灰泥进行艺术造型的装饰工艺，灰泥用石灰、细沙等为原料调和而成。灰塑在客家传统建筑中运用广泛。

墙面灰塑

客家山墙灰饰

灰饰

狮头咬剑饰

厦門大學科學藝術中心

新 闽 派

建 筑

第二章

新闽派地域建筑创作解析

福建不纯粹单指一个地理空间范围，无疑还是一个极具地域质料和内聚性的综合概念，其形成根源既有自然属性的先天决定，也有社会人文的滋养培植。自然属性包括自然气候、地形地貌、天然材料等，社会属性包括地域文化、科学技术、社会结构、经济基础等。这也为新闽派建筑关于地域性的阐释和解读提供了框架。首先，建筑是从属于地域性的；其次，建筑的地域性也具有自然属性和社会属性两个方面；再次，还构成了新闽派地域建筑创作理论与方法及其逻辑表达的理性内核。

一、基于自然气候的新闽派地域建筑创作

中国古代的哲学思想讲究 “天人合一”。不论是道家亦或是儒家，“天人合一”的思想均强调人与自然之间的关系，或是敬畏顺从，或是主动改变。自然环境是人类赖以生存的物质条件基础。人类最早的聚落选址和原始建设演变就是在特定的地域取自然之利，避自然之害，展现自然特色，并与自然融为一体。在建筑设计当中，“天人合一”的思想强调的是建筑与选址地理、自然环境、气候条件等方面相互融合，和谐共生的状态，达到“虽由人作，宛自天开”的设计效果。

1. 基于自然气候的新闽派建筑适应性策略

在建筑设计当中，自然气候条件是建筑师面临的核心要素之一，并从根本上影响着城市与建筑的空间、形态与功能。自然气候对建筑的影响可以分为两个方面。其一是直接影响，如阳光照射的角度、遮阳设施、节能等。其二是间接影响，如对社会礼节、运作秩序、生活方式等的影响。另一个重要的核心要素是地理地貌条件。建筑依地而生，依人而存，营造适时，据物所成。从古代开始就有因地制宜的观念，如对地形地貌观摩分析的相地活动。地形地貌特征较为稳定直观，是自然地理环境的宏观特征，同时也影响着建筑的布局、环境、植被等。建筑设计是在特定自然环境中塑造特定的居住、使用空间，或是顺应地貌、或是改造地貌，均是对地貌条件的回应。

在建筑设计中，有主动回应自然条件的，如对气候环境、地形、地貌的适应性设计；亦有主动性的创造，如对地形的局部调整，建筑体量的主动围合，建筑微气候环境设计等。地理气候作为影响建筑设计最为稳定的因素，是新闽派建筑设计的重要考量部分。地理气候主要包含日照、气温、风、雨水、地形、海洋等方面的因素，因地制宜，依山就势，方能设计出符合地理环境条件的优秀建筑作品。

福建省在地理及气候条件上表现出三个主要特征：多山、滨海、亚热带气候。

福建省临近于北回归线，受季风环流和地形的影响，主要以暖热湿润的亚热带季风气候为主，主要的气候特点有三个：日照强烈、热量丰富、雨量充足。福建省的年平均气温约为17~21℃，南北差异不大。闽东南沿海地区属于南亚热带气候，闽东北、闽北和闽西属于中亚热带气候。

福建省素有“东南山国”之称，山地、丘陵面积占比达82%，比重之大排在全国沿海各省区前列。山地形态复杂、地势坡度大，是省内建设用地经常出现的条件。同时，在广袤的山地当中，也存在大量的小型山间盆地，大多分布在闽江上游地区和汀江、九龙江等地。多山与盆地相结合的特征，影响了冬夏季风的运行，形成了气温和降水的地区性差异，对建设条件有所影响。

福建省的海岸线漫长而曲折，岸线旁多以小型平原为主。滨海特征让福建带有了浓厚的海洋性色彩，气温、降水和湿度等均受到巨大影响。冬季气温增高，夏季气温降低，降水和湿度也明显增加。海洋的地理气候特征也影响了建筑设计的方方面面，从海洋文化到气候回应，这是多数福建建筑考虑的重要元素。

2. 基于自然气候的新闽派建筑创作手法

根据福建的地理气候特征，新闽派建筑表现出对气候的回应和地形的适应。具体表现为以下几点：

（1）隔热处理

福建省在亚热带季风气候的影响下，常年光照充足，日光直射至室内导致室内温度偏高。新闽派建筑中主要采用的方式是坡屋顶、防辐射墙、百叶或横竖向构件等遮阳措施，利用合理的手段阻挡日照辐射，加强建筑节能的考量。

（2）防潮避雨

闽南地区多雨湿润的气候让建筑面临着防潮防雨的要求。建筑地面多采用石材和砖，同时多用底层架空或防潮层，以防止地面返潮。屋顶大多采用坡屋顶以防积水。同时群体建筑中多设置连廊，既能保证使用时防雨的便捷，也保证了一定程度的防晒功能。

（3）建筑通风

福建地区春夏气温高，秋冬季节性不明显，使得建筑有着更

1 | 2
1. 厦门东南国际航运中心
2. 厦门国家会计学院

高的组织通风需求。新闽派建筑重视室内外空间的相互连通，以满足建筑导风入室的要求。新建筑当中也大量采用天井式的设计，一定程度上形成院内小气候，改善整体建筑使用体验。与此同时，为了防止因湿度带来的闷热，建筑进深相对较大，并多设置外廊，与院子相互结合，加强对流风，通过主动的方式创造凉爽的空间，减少热能堆积。

（4）依山傍海

福建内陆地区山地起伏大，建设用地通常会有较大的高差。新闽派建筑利用自然形成的高差与坡地，使建筑依山就势，利用错层、坡道、架空等多种方式解决场地内的地势问题，同时创造出丰富的建筑体验空间，将场地劣势转化为空间优势，增强了建筑空间的丰富度。海洋的影响让新闽派建筑具有浓浓的海味，不论是材料颜色上多用浅色亦或是造型上的曲线元素，都彰显着闽地的海洋特征。

新闽派建筑对地貌气候的回应是多种多样的。大多集中在对场地的利用以及建筑技术的应用上。在厦门东南国际航运中心项目中，建筑临近厦门市海沧区内湖，周边空旷，风景开阔秀丽，但也迎来了海风侵袭和日照辐射。建筑师采用了两种方式应对自然气候所带来的影响。其一，将原本庞大的建筑体量处理为建筑退台。一方面通过削减体量大小弱化了海风的影响，同时也通过流线的造型呼应了海洋、风帆的建筑意向，强调了滨海特色。其二，在建筑立面上采用长条形的横向百叶。伸展出的线条成为了减弱太阳辐射的最好工具，大幅度地降低了阳光直射对建筑的影响。横向百叶展现出的延展性，如同在建筑当中穿梭的飘带，将功能与形态有机结合在了一起。

在厦门国家会计学院项目中，校园地形地势复杂变化，各功能分区因地制宜。场地设计上，校园合理地利用了场地固有的山地环境，将山、水、居三者结合起来，利用不同的高差，有效利用了建筑的下层空间，减少填方量。利用陡坡等自然地形，用作底层部分的架空停车，并将低洼地与上游水库相互结合，形成循环水与叠水、落水瀑布等景观，将风景、功能、建筑融为一体。在建筑设计上，教学楼，办公楼等多采用天井式的设计，教室与交流空间环绕在中庭或天井的周围，形成微气候，有效调节了建筑的室内光照与通风环境。

在厦门南洋学院图书馆设计中，建筑展现了与气候环境的和谐共生。厦门气候炎热，夏季多雨，因此图书馆以底层架空、双层墙及方格网遮阳表皮处理来适应亚热带气候。图书馆的天窗、中庭、院落、遮阳设施等均以现代简约手法表达出中国传统中的飘逸、宁静、和谐、朴素的意向。立面设计以大面积实墙与大面积窗相对比，墙体的制作融入了中国的书法，将其解构在其中。同时为了避免西晒，降低建筑的能耗，以统一模数为单元的窗墙呼应了校园建筑的统一手法,进而发展成为建筑的表皮系统，兼具遮阳和丰富立面的作用。

泉州安溪气象观测站项目中，处处体现着建筑对环境地貌与气候的呼应。建筑基底为丘陵，高程复杂。建筑因地制宜，层层叠落，依附山势形成多层次的屋顶平台。平台辅助以屋顶绿化、庭院绿植，通过植被减少了日照对屋面的辐射。与此同时，向外延展的平台形成了多层次的室外阴影空间，自然形成了遮阴挡雨的条件，让建筑内外空间互相交融，浑然一体。闽地特色的水洗石材料与现代建筑材料相互融合，再加上绿色植被的层层点缀，打造了优秀而舒适的使用空间。

总体而观，新闽派建筑对于地理气候的关照程度反映了建筑地域性中最本质的特性。建筑依附于环境又需改造环境，环境与建筑相互制约影响，这是地域性建筑之形成的主要成因。新闽派

1 | 2

1. 厦门南洋学院图书馆
2. 泉州安溪气象观测站

建筑对于地理气候的关注，是对地域性的一种表达策略，或是传统或是现代，所强调的内容核心都是一致的，即对自然关照的理解和自然而然的创造态度。

二、基于地域文化的新闽派地域建筑创作

刘易斯·芒福德（Lewis Mumford）认为“文化储存、文化传播和交流、文化创造和发展”是城市的三项基本功能。尤其是对于地域性建筑而言，文化无疑就是其地域创作的“根”与“魂”。从地域文化形态和现下呈现看，中西文化的交融共生和包容并蓄是福建地域文化的一个显著现象，形成别具一格的地域文化性格，奠定了福建地域文化的产生和储存、传播和交流、创造和发展的脉源。反映在建筑创作中，它并没有直接照搬西式，也没有直接取用其他地方的工艺做法，而是结合身之所处的地域环境、风土人情形成的“文化创新”产物，注重本土传统文化的延续并保持地方传统审美特质和文化价值取向。

1. 基于地域文化的新闽派建筑适应性策略

关注地域传统、延续精神文脉、展现生命创作，赋予地域建筑创作地域性、文化性和时代性，是新闽派地域建筑创作文化表达的主要倾向。强调在文化探源基础上，挖掘建筑创作的文化意志，结合建筑创作构思凝练提取形成地区主体文化意识，并通过建筑实体表达新闽派文化意象。具体反映为：

1）尊重文化的真实性。建筑是从地域环境中生长出来的，而地域文化就是新闽派建筑生长的基质沃土。尊重文化真实性就是强调建筑创作根植于文化，并真实反映地区生态和文化意志。其表达方式是地域真实再现与再用。

2）保障文化的整体性。文化和建筑都是一个“从无到有”的生长过程，保障文化的整体性就是强调地域建筑创作及其文化表达的时空连续和文脉连贯。其表达方式是文脉时空延续与复合。

3）彰显文化的时代性。时代精神是文化发展和建筑创作的基调，彰显文化的时代性就是强调建筑创作体现时代特征、回归时代诉求和响应时代主题。其表达方式是创作因时革新与创造。

2. 基于地域文化的新闽派建筑创作手法

福建地域文化承袭中原文明而有变异、融合海洋文化的开放热情以及亚热带气候的阳光柔情等综合而成，奠定了新闽派建筑独特个性和意象标识，即多元风格的拼贴、形体个性的凸显以及地域空间营造等，并基于自然气候、建筑形式语言、空间形态、材料和技术、色彩装饰等方面形成了地域建筑的多层次关照和层级适应表达。

（1）真实性原则下的再现与延续

地域真实再现与延续强调的就是基于真实性原则的文化解读，从地域环境或传统建筑中提取具有普遍意义、能显示地域类型特征的传统原型或符号形象，挖掘其中蕴含的文化象征性和关联建造适应的特殊文化象征性。其核心思想是尊重文化的地域真实性并通过适应性建造给予真实表现。

厦门大学勤业餐厅提取福建土楼圆楼形体，建筑外立面延续相邻丰庭、芙蓉等嘉庚建筑红砖柱廊的节奏、材质，以及绿色琉璃瓦坡顶，让新建筑悄无声息融合在红砖绿瓦的厦门大学嘉庚历史建筑群落之中。闽台缘博物馆围绕“源”“缘”“圆”三个字，

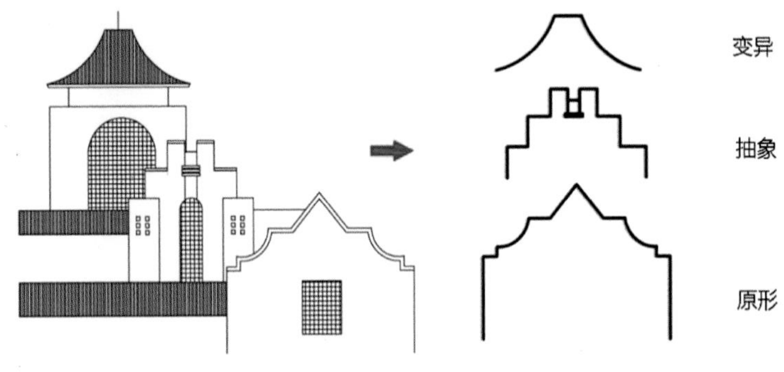

1. 厦门大学勤业餐厅
2. 厦门闽台缘博物馆
3. 龙岩市委党校
4. 厦门大学嘉庚主楼群
5. 厦门大学嘉庚楼群设计语言
6. 谷文昌干部学院屋顶
7. 谷文昌干部学院立面装饰

深入挖掘闽台传统建筑的地域特色及深刻的文化内涵，从中华民族的传统观念中梳理出海峡两岸人民共有的传统思想体系与核心价值观念，从传统地域文化中吸取营养，采用闽南和台湾地区盛行的砖红色为主基调，热烈奔放的色彩尽显海洋文化强烈的地域特征，同时借由闽南传统建筑大厝屋盖隐喻“同一屋檐下，两岸一家亲”的和平理念。世界客属文化交流中心将典型的客家文化元素巧妙融入建筑中，注重客家建筑语言符号的运用，形成良好文化氛围。

（2）整体性原则下的复合与转译

复合与转译就是对原型或原象（如符号、形式、空间等）的再用或延续，譬如对提取原型的直接沿用或互借互用、重新组合、尺度控制等（原型同构），对提取原型的同源抽象、变异重组等形成一种“熟悉而陌生”的现行（驯质异化）等。整体而言，通过对地域原型的提取及其本身固有的某种文化象征性再现去表达建筑的地域性，同时也反作用强化了建筑特殊的文化象征性，已到达地域文化的时空延续和整体连贯，其核心思想是通过“原型—现行”分析模型和地域建构，保障文化时空生命的连续性和完整性。

如龙岩市委党校延续中国院落组合方式，强调建筑与自然环境的交融渗透，总体建筑设计充分体现了中国传统“和谐精致，大气开放”的建筑意境，建筑造型来源于对中国传统文学、闽西地区历时建筑的认知，梁柱体系、坡屋顶等原型要素的转换重现，重现了历史在记忆中的影像形式在“似与不似”之间，既体现了灵动、雅致的闽西地域特点，又具大气简约的现代性。厦门大学嘉庚主楼群单体以现代语言抽象厦门大学嘉庚建筑特色，在建筑立面处理上，提取地域原型及其引用、图解、变形、重构手法下产生了两个全新的立面形式，再新建筑中塑造了新的建筑形式以符合时代精神和审美需求，形成了新旧建筑之间的强烈对比，积极拓展和表现了大学校园的现代精神面貌，体现了现代性与地域性的时空同构和意象结合。

（3）时代性原则下的革新与创造

革新与创造是时代进步和文明发展的必然要求，强调地域性

1 | 2

1. 苍霞中平路特色历史文化街区更新设计
2. 漳州古城保护开发项目

建造摆脱简单的历史与传统的重复，以及新技术、新材料、新表现等新要素的不断植入或变革、创造等而进步发展。从关联传统对象中寻找相似性、异质性等以形成一种新的和谐或冲突，追求适应现代文化的地域表征、民族体认等创造，通过提炼、类推和积淀三个过程寻找“异质”与地域性的关联，再不断将“异质”驯化为“驯质”，属于地域文化时空完整性层级之上的时代性发展。其核心思想是通过新旧处理和“异质驯化”，推动文化发展和彰显时代精神。

谷文昌干部学院采用现代建筑的设计手法来重塑闽南传统建筑的制式肌理，建筑坡屋顶以暗红色铝单板格构件模拟传统陶土瓦立面肌理，柱头及坡檐下用带有冲压纹样的深灰色金属面板和百叶进行拼接刻画，项目在建造技术、建筑材料上充分汲取累积来自闽南地域“原生”的建筑语汇力量，在新时代的背景下探究地域传统文化与当代建筑创作的共情共振表达，促进中华传统地域文化之复兴。

3. 基于地域文化的新闽派城市更新再造模式

在当下存量规划时代和空间有机更新内涵式发展，益发注重地方文脉的挖掘、传承和彰显。在文化氛围浓郁、市井生活丰富和风貌格局良好的老旧城区、历史地段和传统风貌区等更新中，“拆改留”也正逐步向“留改拆”转变，推动地域文化传承与居住在地生活的并重齐驱。

（1）强调系统整体与局部关照

置更新片区于城市整体功能区划中寻找定位和挖掘区域比较优势和特色资源，以城市系统整体性引导更新的区域协调，以社会价值驱动片区效益再生。

（2）注重新旧结合与文脉延续

关注更新片区的传统风貌或民族、地方特色等地域文脉，通过历史遗迹、文物古建等历史环境要素的文化生态保育，城市肌理、风貌形象、地段空间标志要素等结构关系延续或空间重构，以及市井生活、传统产业等活态传承，推动更新片区“文化+”创新升级与拓展衍生。

（3）坚持生态引导与韧性建设

通过自然生态环境修复和公共可达、配套设施、公共场所占比、风道廊道等，从工程防御能力和社会应对能力两个层面推动生态、健康、安全的城市人居建设。

如苍霞中平路特色历史文化街区更新设计，在纵横的街巷和密集的肌理之中，设置不同大小尺度的公共开放空间，在维护原有的场地形态下，对空间进行不同程度的点状激活，为人们提供更多大小合宜、功能多样的共享场所。罗源后张特色历史文化街区旨在挖掘罗源当地特色建筑元素，梳理后张街巷空间，保护传统街巷自然生成的历史演进及历史氛围，设计以传统街巷为穿梭路径，建构明代民居群活态博物馆；并通过现代城市生活配套与市政设施的植入，发挥居民为主体的保护与活化利用的积极作用，切实有效提升老街区内日常生活的人居环境品质，让历史街区居民产生归属感与文化认同感。

三、基于形式特征的新闽派地域建筑创作

任何一个民族和地域形式的诞生基本上都是从自然界中得到感悟，并逐渐形成在艺术人类学、建筑学及其他造型观念中体现

1. 海峡交流中心室内效果
2. 海峡交流中心外景
3. 陈嘉庚纪念馆

早期原始思维信仰的抽象形式。现代艺术创作不是无源之水、无本之木，是从“有中生有”中抽象出来的，吸取原始或传统中有益的营养，并加以拓展的结果。在建筑地域性表达中，无论以什么形式表现出来都是对传统和抽象的表达，设计吸收和拓展变异原型的意向，都可追溯其“源”与“流”的关系。

1. 基于形式特征的新闽派建筑适应性策略

建筑形式是建筑中永恒的主题。对形式的追求不是表象，而是在理解地域的美感的形式下，作出自己独特的审美变异。现象学原理告诉我们，任何一种地域形式的产生总是该地区综合因素的整体反映，有意无意形成“约定俗成”，并同时形成表达。在形体和色彩的关照下，基于形式特征的福建当代建筑文化传承方法，可以总结其原型亦可以抽象、变异，以现代手法并结合现代人的心理，既可以有元素突破，亦可以有结构的分解,最终体现系统语汇表达传统形式的新概念。

因此，历史上任何一时期的建筑形式都表达和代表特定的意义。现代建筑在其发展过程中传承其地域形式，并在现代工艺、技术的协同作用下加以发展完善，形成具有独特建筑形式的福建当代建筑。

2. 基于形式特征的新闽派建筑创作手法

地域建筑的形式表现要达到符合社会审美心理的要求，这类似中国雕塑中谈到“形调”，即对形式的基准的把握。表达手法可以概括为两种，一种是对原形的延用、抽象、变异与元素强化，这种可以概括为“驯质异化”；一种是将新的要素介入地域性表达之中，即“异质驯化”。

（1）驯质异化

历史上任何一时期的建筑形式都表达和代表特定的意义。古典建筑关注的是建筑的审美价值，强调的是视觉艺术，有着精确的关联点和构成方式，形成了以黄金分割为代表的对称、均衡、韵律等艺术规律；现代建筑以功能作为形式塑造的逻辑起点，强调功能抽象体现；后现代建筑重视建筑与环境和历史文脉的关联，强调建筑符号的表现艺术；而当代建筑地域的形式美，它强调建筑应与自然、传统和历史保持地域性的延续，它不是单纯形式语言，更是精神的物化显现。形式的设计包含着对形式原形抽象的发展过程。具体包括以下几种类型：

1）原形延用

发现原形是指从复杂的建筑形式中提取具有普遍意义的、能显示类型特征的形式。引用存在的建筑或片断是当代建筑类型学的基本手法。这种从传统建筑中抽取出来的原形不同于以往任何一种历史样式，但又具有历史因素，在本质上与历史相关联。意大利建筑师罗西倡导建筑师在设计中回到原形去，将人们心中的原形唤醒。因为引用的建筑或片断与新的建筑存在着时间上的差别，因此，新形式既是对历史的沿袭又是超历史的处理。对建筑原形的延用，在建筑地域性表现上具有直接性，是传统审美的惯性延续，因而在福建的实践运用较为多见。建筑师将传统形式原形进行较为直接的引借，按照一定的内在法则与规律去引用或者相互重合，构造出符合现代审美的形象。

例如陈嘉庚纪念馆的设计采用了我国传统建筑沿中轴线对称的手法，高筑台，四面廊，屋顶形式整体为重檐歇山顶。设计师提取嘉庚建筑的屋顶原形，采用现代建筑手法简化处理，并同样借鉴嘉庚建筑屋顶对大体量的处理手法，将大屋顶分段处理成三重檐层层叠加的形式，起翘简洁明快。

2）抽象再现

抽象是艺术创作的主要手段，是“来源生活，高于生活”的说法实践。在古代的原始艺术中，原始抽象是普遍规律，中国传统思维也是表现高度抽象，现代艺术中也体现了抽象性。当代建筑地域形式表达上的设计在与历史取得联系的同时，更应该具有现代建筑的特质，并预示未来的发展。所以地域建筑要在联系历史的同时实现创新，就需要对历史与传统的形式进行抽象与变异。变异的基本条件是变体要具有“同源”现象。如果说，原形沿用为“驯质再用”，那么对地域建筑形式的抽象再现则可以说是“驯质异化”。抽象是变异的前提和准备。抽象的主要任务就是找寻原形与变体之间共同的部分和联系。寻找变体中的“同源”就是抽象的过程，即将不同物体中的共同性质或特征形象抽取出来或孤立地进行考虑。

位于厦门的海峡交流中心的立面和形体设计，取意于厦门的特色元素特征。设计者抽象厦门市市花三角梅的几何特征，并以此为元素结合数字化技术生成建筑立面表皮。而表皮中变化的镂空处理，则是将陆地与大海交汇处波光粼粼的意向抽象再现。形体中曲线的线条及形体变化，是对大海波浪线条的抽象与简化。

3）形体衍变

任何设计对形式的把握中，变异是形式衍变的根本。民间的剪纸、现代雕塑的发展都是在原形的基础上加以变形。从古到今，任何建筑形式都是随着技术、材料的变更导致意象等改变。建筑地域中对形式的变异也是一种创作趋势，具体变异的方法或是局部裁取，或是材料更新，或是尺度变换。

现代器形的研究可以以“形、材、工、款”为评价标准，对建筑的形的研究，其中也包含材料、色彩、工艺等。然而建筑作为一切艺术中最依赖物质层面的表现形式，对它的实用性要求决定了建筑的变异不能像绘画和音乐等其他艺术那样随意和自由。建筑创作中的变异需要更多的理性思考，使各种变化都是合乎逻辑的产物。形式的变异，也包含传统地域形式的另类再用。建筑形式中也可以植入新的创意使人产生出新的联想。

如高崎国际机场T4航站楼的设计将中国传统木建筑的屋顶架构进行提炼、简化、变异成具有韵率感的双曲屋面，运用不同组合方式殊途同归地再现了闽南建筑特有的起翘屋顶形式，试图重新构架出一种在空间意象上具有中国传统屋顶形象，却不与传统完全一致的全新建筑形象，形成兼具地域性、整体性及时代性的“熟悉的陌生感”。

新建筑要适应新的使用要求，就必然有新的形式出现。卢森堡建筑师罗伯特·克里尔在他的城市空间类型学的理论中提出：空间的基本类型不外乎方形、三角形、圆形和自由形。但是这些基本类型经过合成、贯穿、扣结、打破、透视、分割以及变形等方法，便能够产生无数的新形式。他对空间类型转变的方法不仅适用于城市空间的变异，对地域建筑建筑设计中的空间重构也有重要的参考意义。

以上将传统建筑或其中为人们所熟悉的片断通过原形沿用、抽象、变异产生新的建筑形式的过程我们称之为“驯质异化”的形式转换过程，即将熟悉的变成陌生的。“驯质”就是人们熟悉的事物，通过异质因子的冲击，产生适度的变异，从而发生“驯质异化”，完成原生形态的变异过程。在基于形式特征的地域性表达中，往往不是一种手法的独立出现，而是三种手法的综合处理。

（2）异质驯化

设计中通过“驯质异化”的形式转变产生了新的建筑形式，为地域建筑注入了新的元素。而要让这些新的元素与形式被人们所熟悉和接受还必须经过“异质驯化”的心理转换过程。也就是将“驯质异化”产生的陌生的元素及样式——“异质”嬗变成我们所熟悉的代码。这更多的是一种心理转换，包含着提炼、类推和沉淀三个过程：对新的元素进行提炼，找出其中包含的合理的内核以及各元素间的联系，并将这种设计方法和要素运用到类似建筑的设计中去，通过类推使新的建筑形式逐渐融入地域建筑之中，为人们所共同接受，并作为未来地域建筑设计的原形，在设计中不断有新的“异质”冲击，再不断将“异质”驯化成“驯质”，使地域建筑呈现出从“驯质”到“异质”再变成“驯质”的螺旋发展过程，摆脱简单的历史与传统的重复，不断注入新的活力，不断地进步与发展。

此外，“异质驯化”中的“异质”不仅仅是指通过原形变异而来的“异质”，也是指设计中借鉴而来的“异质”。除了向传统借鉴外，还应该向其他文化体系，向其他学科和艺术借鉴。不论哪种借鉴都应该抓住其内核中跟现代人的生活、习俗、技术、经济、审美等多方面适宜的内容去借鉴。它不是表面的，而是内涵的；不是形式的，而是内容的；不是片面的，而是整体的。

例如南平老年人活动中心，其选址在风景秀丽的闽江畔，坐落在九峰山脚下，九峰索桥从北侧凌空而过。江面上渔舟点点，

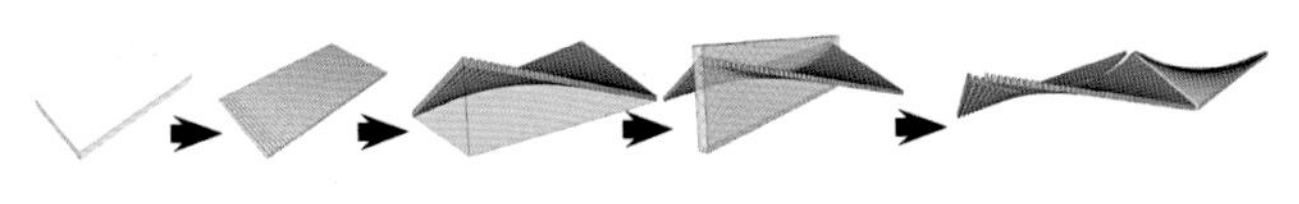

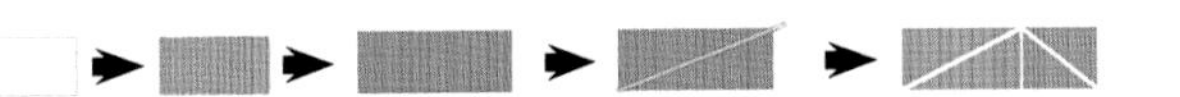

1 2 3
4 5

1. 高崎国际机场T4航站楼设计语言
2. 高崎国际机场T4航站楼屋顶
3. 高崎国际机场T4航站楼外景
4. 南平老年人活动中心远景
5. 南平老年人活动中心近景

江岸上怪石嵯峨，山上绿树成荫，亭、台、楼、阁相映成趣。历史上，这里是个渔村，直到今天江岸上还有五六十户渔家。这里环境宁静、幽雅，是老年人休息娱乐的好场所。设计新颖的建筑造型受闽江上渔舟和帆船的启发，船帆般的白墙和红色瓦顶错落有序，船形般的阳台层层叠落。这不仅与周围的自然环境相协调，而且隐喻了这里曾是古老的渔村。

如果说从“驯质异化”到“异质驯化”是整体形体审美上的处理，那么针对形态系统中不同的层次，也可以得出现代建筑对形式的处理，即对形态系统中元素的强化，对形态系统中元素过分强调以达到既熟悉又新鲜的感觉，其次为结构的错解，及系统关系上的融合，表现出一些“混搭”的现象。在当代艺术中，通常有两种思维形式即经验参照和共同语言 ，其中经验参照和共同语言都需要“有中生有”，这就决定了现代建筑设计对地域的体现——需要体现一些记忆，不论是具象或抽象，可以从感觉的各个方面加以体现。

四、基于空间形态的新闽派地域建筑创作

建筑设计中，空间设计是核心。相比于建筑外在的形式、材料等要素，建筑空间的设计是依托于精神作为载体。空间设计受到自然气候、地理环境、社会人文等多方面的影响。空间是建筑的主角，对空间的营造有自然物质的存在，亦有包含心理场所精神的体现。当代建筑采用空间原型再现、行为秩序重新组合、强调感受、整体体验等方法，从自然层面、心理层面进行营造。

1. 基于空间形态的新闽派建筑适应性策略

在新闽派建筑空间的设计中，福建建筑传统空间形制起了重要影响。福建建筑传统空间是由于长期自然地理、社会人文所形成的积淀，通过空间的营造来表达地域性。当代新闽派建筑设计中，注重发展传统空间原型，再创造新的秩序、空间体验。从继承和创新两个方面总结新闽派建筑，其主要形态的成因可以分为两类：自然与人文。

自然条件的影响体现在气候和地形两个方面。在建筑空间设计中，地理气候对空间的形成有着重要影响。福建地区气候属于亚热带气候。由于地理条件的不同，闽地各个地方对建筑空间的处理呈现出亚热带特征，但亦有存在差异。闽东南严寒地区属于南亚热带气候，闽北至闽西地区属于中亚热带气候。在空间处理方式上，通常是采用小尺度的内庭和天井组织整体布局，以满足自然通风、营造小气候环境的要求。多层天井、上下导通、阴影丰富构成了新闽派建筑的主要特色。另一方面，多山的地理环境让建筑设计有了依山傍水、前低后高、引风入村、导流成河、依榕而聚、聚祠而居的空间形态，新闽派建筑重视因地制宜，因势利导，让空间融于环境，是地域性特色的表现。

人文条件的影响体现在建筑空间与社会生活上。建筑离不开生活，建筑空间也离不开社会文化活动。在新闽派建筑设计中，对于空间原型的重视，如土楼的居住空间，闽南大厝的院落空间等，都集中体现了福建当代建筑设计中注重对传统社会生活的精神。这种依据空间主次。形成多层次空间处理、表现出良好的秩序的思维深刻影响着新闽派建筑的形制。福建人受到多元文化的影响，有中国传统的生活空间元素，如厅堂、院落等之外，也融入了西方建筑社会空间的元素，如大空间的共享场所、西式园林

的布局，对称的形制等。新闽派建筑重视对福建社会文化活动再思考，根据闽地社会活动特点对空间进行重新梳理与整合，以符合当地社会文化生活特征。

2. 基于空间形态的新闽派建筑创作手法

综合来看，新闽派建筑对于空间的设计特点可分为三点:

（1）对传统空间原型的再现

任何一个民族在长期的发展过程中都形成了独特的空间原型，这种空间原型按照类型学的原理，即是相同形式结构及具有潜质特征的一组类型。它可以使一个创作的样本及其范例，每个创作者都可以根据它创作出不尽相同的作品。重现空间原型是一种直接的方法，不论从平面布局入手亦或是立面空间的设计，均能够较为直观地感受其设计理念。新闽派建筑设计主要表现为对福建土楼的居住空间、闽南大厝的院落空间等进行了重现。从形制结构上和精神空间上对传统福建的社会生活进行了重现，使人明确感受到闽地的地域性特征。

（2）对行为秩序的重新组合

任何一种地域性空间实际上是因生活行为所引起秩序的组合而形成的。这种空间秩序及行为引导已经部分超出单纯空间的范围，不但涵盖城市建筑景观的范畴，也体现21世纪广义建筑学的概念。行为秩序重组相对于空间原型重现较为抽象，更注重的是对福建传统建筑空间中的人的社会生活所形成的行为方式的传承，包括流线的设计、行为空间的秩序和功能上的考量等。这是以人的空间体验为出发点，结合建筑功能、环境、组合而成的具有传统空间形态秩序的新空间。福建传统民居讲究空间序列，以厅堂为中心，以中轴控制，多进院落为布局形式。这些空间形式成为新闽派建筑的空间原型之一，在多个案例中均可以找到其影子。

（3）更为强调整体的感受与体验

地域建筑能够唤起人们强烈的认同感和归属感，这是由于它符合各自文化背景中形成的对整体空间的认知感受，符合人的行为习惯和心理需求，进而对建筑空间提出了不用的要求。空间具有物质空间、心理空间、行为空间和象征空间等多重属性。现代地域建筑通过研究人的情感、领域和私密性需求等问题，提高建筑空间物质属性以外的空间环境质量，探索建筑的场所性。在新闽派建筑设计中，有些项目看不出传统空间的原型和流线组织，但传承了闽地传统建筑空间的精髓，通过将材料、形式进行现代化转译，最终从整体上展现出闽地建筑的特色。这些建筑充分关注人的心理感受、注重塑造空间氛围和体验是对传统建筑更深层次的探索，也是建筑空间的传承与人文情怀的结合。

新闽派建筑的空间设计延续着传统建筑空间形态的影子，另一方面也着重打造属于闽地的文化特征。福州鲤鱼洲国宾馆综合楼设计，提取福建民居平面院落式组合方式，构成几个尺度宜人、空间渗透的园林景观，借景和造景相结合形成外有江景、湖景可观，内有庭院景观可赏的园林环境氛围。同时吸收福建地域中式传统建筑元素，塑造朴实、明快、精致、舒适具有一定的地方气息的装修风格，形成简约大气、明快、典雅的现代中式空间。

冠豸山森林山庄酒店主体部分以土楼空间作为原型。建筑在布局上依山就势、背山面水，与土楼的传统意向一脉相承。建筑的空间布局的单元式也是从土楼原型中提取而来，外观上也采用了圆形土楼的形式，塑造出了内向的圆形院落空间。内院的立面采用横向带行的线条，这也来自于土楼内部开敞、环廊的意向。整个建筑风格自然纯朴，屋顶形式与立面材质也呼应土楼朴实的韵味，是传统土楼形式现代化转译的优秀尝试。

在福州市闽侯县国家知识产权局福建分中心项目中，传统的建筑空间形制被打散与重构，形成了具有人文关怀的新的城市记忆。从总平布局来看，建筑位于一个方形的基地当中，设置了三处主要的建筑体，分别坐落在方形的三个角上，建筑体相互连接，形成了一个大型的围合空间。与此同时，各个建筑体分别形成了四个独立的小型院落空间，与大的围合空间一起交融，层层递进，形成了多层次的院落。这种院落与院落的组合形式，与闽南红砖厝的典型“深井”与“厝埕”空间一脉相承，形成了传统民居到现代建筑的传承。建筑的外立面设计采用了大量的外廊与退台，创造出丰富多变的整体景观，也再现了方形土楼的形式意向。

在泉州惠安县小岞美术馆项目中，建筑的设计来源除却闽地的传统建筑形式外，亦引入了园林式的布局。建筑通过拱洞山林，改造后的坡顶展厅以及屋顶长廊，南向的休闲庭院共同构筑了整个庭园的基本形态。建筑的基本坡顶的形式与立面石材材料，诉说着当地传统建筑的特色，但内部的空间组合与布局，却是园林化、景观化的。景观和建筑在明确限定和不明确限定的要素之间进行着对比和互补的调节。证实了造园实践与传统园林在精神、语言上的逻辑关系。是一种对中式传统空间的重构与致敬。

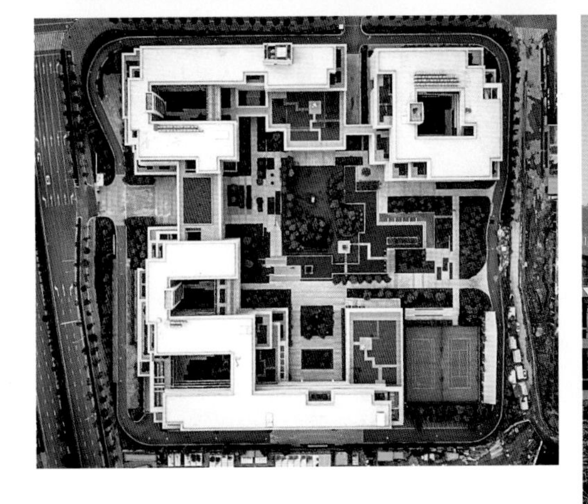

1	2
3	4
5	6

1. 福州鲤鱼洲国宾馆综合楼
2. 冠豸山森林山庄酒店
3. 福州市闽侯县国家知识产权局福建分中心平面图
4. 福州市闽侯县国家知识产权局福建分中心外景
5. 泉州惠安县小岞美术馆外景
6. 泉州惠安县小岞美术馆室内

注重塑造空间氛围和体验，对传统建筑空间进行传承和人文情怀上的结合，拓展地域性建筑空间设计的边界，是新闽派建筑所展现的新时代风采。

五、基于材料表现的新闽派地域建筑创作

法国文豪雨果曾说道:“建筑是用石头写成的史书。”此番总结虽然是针对西方建筑石建构体系所做出评价，但却为中国传统建筑文化的传承指出了一条实现途径：从构成建筑的材料和技术出发，以具象陈述抽象，以物质承载精神，以建筑传承文化。

一切文化现象都是时代精神的体现，从广义建筑学的维度出发，该定义同样适用于建筑的建构和砌造——材料和技术将具体时代的特色蕴于自身，经由建造过程以建筑最终的形象向世人传达建筑师所赋予建筑的审美态度和文化倾向。

1. 基于材料表现的新闽派建筑适应性策略

新闽派建筑创作实践表达中，对地域文化的适应层次和表达时态，反映在具体设计实操中如地域符号构件具文化象征性而可译码、地域特有形式语言的可言说、空间原型与场所精神的可感官、地方材料技艺的传承革新以及海洋文明与滨海城市性格、色彩体系的可辨识性，最终形成了蕴含地域传统文脉、表达地方社会性格和传递时代精神的新闽派建筑蔚然大观。尤其在当下存量规划时代和空间有机更新内涵式发展，益发注重地方文脉的挖掘、传承和彰显，提升现代人居环境质量、满足人民城市幸福宜居需求。

整体而言，闽南文化以历史文脉为根、时代发展为轴、多元包容和兼容并蓄，也形成了新闽派建筑创作向传统探源寻脉、向现代致敬表达的价值取向，即以关注建筑地域性为基础，提高到文化的高度，以现代手法加以表现。

与前章提及的基于形式和空间的传承一样，得益于现代高新科技的有力推动，新材料与新技术的应用亦对福建传统建筑文化的传承产生了多元而深远的影响，福建建筑的地域性表达也因此得以呈现。

2. 基于材料表现的新闽派建筑创作手法

现代建筑材料以新技术为依托，突破了传统建筑材料不可避免的局限性。高新材料可以与乡土材料结合、互补、置换，拓展现代建筑材料的新内涵，改变现代建筑一味复制传统原型的狭隘传承观念并避免“千城一面”窘状的频繁再现。其中，混凝土的可塑性、金属的“建构”潜质、玻璃的“暧昧性”，成为新建筑演绎地域性的新手段。

混凝土由于是浇注材料，混凝土具有很强的拓印功能，它的外表很大程度上并非体现在从搅拌器中流出的混凝土本身，而是容纳它的模具。于是，自然元素便可以借此添加进这一人工建材，使其与场所的地域性和生态性更加契合。无固定形态的材料特性给混凝土带来了强大的建筑表现可能，良好的结构性能和可塑性使混凝土有可能呈现出宏伟的、连续的结构形式，塑造出丰富的、多变的空间形态。这为在福建现代建筑中重现传统建筑的独特结构形式，塑造曲线的、流动的样式造型创造了有利的技术条件。厦门北站使用混凝土加以配筋，借鉴福建传统建筑的木梁柱结构体系，重构并再现了闽南大厝的空间秩序。福州冠城大通 · 首玺也利用混凝土的可塑性，在建筑立面上借以表达出“寿山石”意向的流动与不确定性。

金属的延展性决定了其在通过一定的物理技术手段处理后，可以与传统的木材结构、竹编织物形成相类似的同属建构类型，通过视觉感官以现代的手法从形式上取得与传统地域建筑意向相似的建构审美呼应。同时，金属的丰富色泽和随表面光滑程度所变幻的映射情况也能让建筑与人在情感上产生因人而异的情境共鸣。这让金属材料在传承传统的样式类型、演绎新的地域风格上有了无限的可能性。在对传统木梁柱结构体系的现代转译上，与现代混凝土梁柱呈现出的雄浑厚重、大气磅礴不同，钢构金属梁柱所再现的传统建筑空间情境更为精致、典雅；在视觉感知上也因其对原型更为具象地复刻，从而更加趋同于大众认知范畴中的传统建筑，较好地达成了远观为古，近览为新的设计愿景。

例如厦门筼筜书院在设计中均采用了密列的管型铝材堵头来替代传统建筑中的木构瓦面原型。这种抽象化的古典外观既整齐有序、协调统一，又富于形式、材质上的变化；既能反映现代建筑风格简约的艺术特质，又能充分展现福建古厝的风情与韵味，以传统的形式传达出一种新的虚无意象。

玻璃的主要特性体现在透明性上。在现代建筑中，正是因为玻璃的广泛使用，室内外打破壁垒实现了联通，并引入了光以及建筑周边的地理环境。玻璃对这些生态要素的关照，正体现了建

1	2	3
4	5	6

1. 厦门北站
2. 篔筜书院
3. 篔筜书院细部
4. 福州冠城大通·首玺
5. 厦门国际物流中心远景
6. 厦门国际物流中心

筑对地域的关注。玻璃的暧昧关系，同样为体现环境的地域性发挥独特作用：可以利用其对光线透明、半透明、反射等几个不同层级物理反馈，体现建筑对环境的不同处理——透明可以让建筑纳入地域环境之中，半透明成为意象最美的想象，反射则可以实现消隐自我。玻璃与生俱来的内在的矛盾性决定了它是界限又非界限。在地域性的现代表达中，玻璃表现突出，其物质存在感、影像作用等都成为重要的表现手法。对于玻璃的物质存在感，有时为了表达建筑体量的现代感和轻盈性，建筑师会充分利用玻璃的“虚空”特性来影响建筑形式。

例如厦门国际物流中心，设计借鉴闽南传统建筑的特色，将拥有缓和曲面的大屋顶以及屋顶间的重叠作为建筑的基本构成要素。立面以玻璃为主要材料，消解了大厝的厚重感，赋予大厝这一经典传统建筑意向轻盈空灵的特性，使其融入滨海的自然环境中去。

建筑材料与技术的迭代更替在人类文明的演化进程中从未停止，立足于材料和技术的建筑文化传承分析可以生动而形象地剖析这一进程中的诸多演变，继往开来，与古为新。

六、新闽派地域建筑创作与城市住宅形态

住宅是人们顺应自然、改造自然的产物，它不仅为满足家庭生活需要提供了物质空间，而且是居住者生活模式、文化传承甚至精神追求等多重价值的承载者。福建省因地理、气候、人文等方面的影响，形成了极具特色的传统民居建筑文化，在全国传统民居体系中自成一脉。改革开放后，特别是1998年推广商品房开发政策以来，福建省住宅建设取得了很大的成就，不管在数量上还是质量上都有较大的提升。但在近几年房地产销售行情火爆的情况下，一些住宅小区的设计脱离我省地域环境和人文特点，简单地进行大量复制和抄袭，正在日益导致我省城市风貌越来越“千城一面”。

住宅小区的建设量占据一个城市总建设量的70%以上，对一个城市的景观风貌提升有至关重要的影响。随着传统文化复兴思潮的崛起和人民群众品味的提升，我省住宅小区设计已经不能仅仅满足居住的使用功能，而应越来越成为社会文化和精神象征。近些年来我省地域化的设计思潮已经逐渐影响到住宅小区的设计，建筑设计师们逐渐从闽派传统民居中发掘设计语言，寻找设计灵感，寻求既满足现代生活方式，又符合传统审美的新闽派住宅小区。从厦门万特福水晶湖郡、长乐市大东湖·悦海湾、厦大西村教工住宅等项目的成功实施中我们可以看出，这些住宅的设计既汲取了闽派传统建筑的元素，又进行了合理的提炼和重构，新闽派住宅风格已成为与欧式古典风格、现代简约风格等并驾齐驱的设计流派，并得到了社会和业主的普遍认同。

总体来看，新闽派住宅有如下几个特征：

（1）对地域地理气候的适应性设计

福建属亚热带海洋性季风气候区，热量丰富，雨量充沛，光照充足。夏季气温高，持续时间长，潮湿多雨，季候风较多，太阳辐射强度大，所需日照间距系数较小。在福建传统建筑中就有

了独特的气候适应性处理，如在隔热上，采用格栅处理的外立面遮阳、利用坡屋顶形成防辐射腔等；在防潮上，地面多铺石材和砖，底层架空，以避潮湿，屋顶采用坡屋顶以防积水，形成“顶天立地”的防御自然的方式；通风上，重视室内外空间的相互联通，增大房屋进深并设外廊，再加上房间前后的冷巷，来加强对流，以求得建筑上对冷空间的导入等。因此，在现代住宅建筑设计中，设计师一方面会延续传统建筑中的被动式气候适应性智慧；另一方面，也会运用一些新材料、新技术进行绿色住宅设计。

如厦门大学西村教工住宅项目隔热防晒处理上，仍采用坡屋顶的形式，这不仅仅出于造型上的考虑，也是基于对气候环境的关照。为适应遮阳的需要，在住宅建筑中设置回廊与架空空间，同时运用对景、借景等小的细部处理手法，保证使用空间的同时增加了局部空间效果。住宅规划设计一般排布灵活，楼间距较北方小，并特别重视通风，住宅建筑中多以底层架空处理，并增加风闸，将建筑的缺口对接夏季主导风向，使微风可以易于达到建筑之中，同时，在建筑的周边布置外廊以利于通风及防雨；建筑选择合理方位朝向，减小太阳辐射，注重通风遮阳。住宅内部空间也较为通透，多采用开敞阳台，产品中常见入户花园的设计。园林景观讲求繁茂常绿，四季花开，能为人们营造宜居的微环境。

（2）对地方传统文脉的适宜性表达

福建传统建筑屋顶特色鲜明，如闽南大厝的屋顶，多屋顶叠加，有着丰富的屋脊曲线；形式多样的封火山墙便是闽东传统建筑最具地方特色的内容，是闽东民居中最为突出的外部特征。当下，代表传统建筑文化的语言符号回归人们的视野，建筑师们试图在住宅设计中实现传统民居样式的新诠释。其中，门、窗、檐口、装饰、施工构造、建筑构件、建筑色彩等建筑形式元素是建筑的基本记忆要点，是人们记忆中建筑的最基本元素，因此，建筑师将福建地区传统的红砖、大厝、庭院、坡屋、瓦面、雕刻、街巷、牌坊等极富特色的建筑语言要素符号，进行拆解、结构化与传承演绎，再现于现代住宅的“地方性”设计中，展现出理性的、重构的、文化性和历史性的思考，为传统民居形式的当代表达提供了多条解构思路。这种文脉传承的策略不仅在住宅形式上彰显了福建特色，也在景观设计中融入了地方文化的表达，使得居民有归属感和集体认同感。此外，在当前的“乡建”潮流下，发生在农村的新农房建设与民居改造实践也非常注重乡土元素的挖掘，以保护和传承乡村文化。如闽东的福鼎赤溪村的新民居建设，就是延续了当地的传统封火山墙的形式，作为新民居墙体的形体元素。

如万特福·水晶湖郡住宅项目，以现代手法重新演绎传统嘉庚风格，造就嘉庚建筑的新风貌，通过平面的弧形布局、单体立面保留嘉庚传统文化的中式屋顶，形成起伏多变的群体轮廓天际线，以坡屋顶印象表现本土的特色，以体量错落和虚实对比营造丰富的整体形象，再以精雕细刻的细部设计体现建筑的精美感，从而使建筑成为一道亮丽的风景。“建发·玺院”住宅项目面为新中式风格，用现代的建筑语言诠释中式传统文化内涵，同时融入白墙、青瓦、飞檐等当地传统建筑元素，打造富有人文情怀的高端住宅小区。一建·御品苑建筑风貌在传承传统粉墙、黛瓦、坡顶、马头墙的基础上，融入了闽西北传统木构民居的门牌楼、吊脚挑廊、骑楼等独特的造型元素，充分展现了泰宁当地建筑风貌的历史性、时代性和文化性。

（3）对新材料新技术的示范运用

福建传统建筑所用的建筑材料多为乡土材料，源起于因地制宜、就地取材、因材施工的首要考量，此为传统建筑建造之基础，也是建筑地域性的一个忠实的具象反映。福建地区盛产石材、木材等，民居中的建筑材料基本上都直接取自于当地，经过长久的岁月，砖、石材、木材、泥土、海蛎壳成为了主要的本土材料。为了适应气候和使用功能，福建民居常常会出现独特的构造方式，比如石条竖立形成竖栅窗，以瓦、砖等形成镂窗的花格墙，以木格栅形成屏风等，通过对这些材料的精心雕琢和相互搭配，独特的地域民居得以营造，这些建构手法将材料的特性展现在世人面前，为福建当代地域建筑的创作提供了灵感的源泉。现代住宅建筑中，设计师也会沿用当地石材、木材、红砖等地方材料。与此同时，全面发展绿色建筑、深化开展绿色建筑创新示范是城镇住宅设计工作重点践行的工作目标。

因此在一些优秀的新闽派住宅设计中，设计师们还更多的关照建筑的生态性和可持续性，积极采用适宜技术的同时，合理利用环保资源、新材料、新技术，实现对建设环境的良好塑造与优化管理。如太阳能、风能等利用、节能环保材料利用、装配式住宅实践等。此外，简约化、个性化、智慧化也成为现代住宅设计的时代需求。如南安市“节能·美景家园”项目1号楼住宅为“中德合作高能效建筑”，由国家住建部主导，是我国夏热冬暖地区第一个被动式低能耗建筑的探索和实践。项目采用了空气源热泵采暖制冷通风一体机、带电辅热的太阳能热水屋面系统、三玻两中空玻璃门窗、石墨聚苯板保温隔热系统及全建筑部位的断热

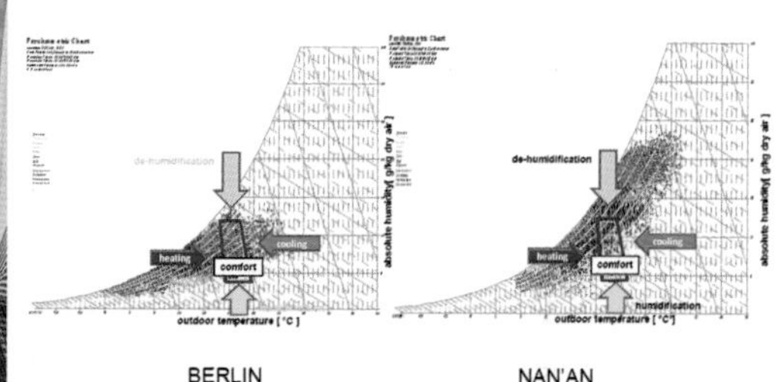

1 | 3
4 5
2 | 6

1. 厦门大学西村教工住宅项目
2. 万特福・水晶湖郡住宅项目
3. 建发・玺院住宅项目
4. 一建・御品苑住宅项目
5. 南安市节能・美景家园项目
6. 南安市节能・美景家园项目节能设施

构造，实现了建筑户内的超低能耗。建筑超低的能耗和隔音、健康、舒适的居住体验获得了广大住户的好评。

七、新闽派地域建筑创作与乡村建设表达

福建乡村孕育了繁荣灿烂的乡土文化。近年来，建筑师、规划师以及各界文化、艺术人士纷纷投身福建乡村建设的实践之中，涌现出漳州平和桥上书屋、福州前洋农夫集市、连江船长之家改造、武夷山竹筏育制场等广为人知的优秀成果。崔愷、华黎、何崴、李晓东等建筑师和城村架构、中国乡建院等设计机构开展了一系列尝试，他们通过“艺术下乡”“设计下乡”“规划下乡”等方式，为乡村振兴积累了宝贵的实践经验。

中国乡村的“内生性”“自组织”等特点被认为是中国传统社会发展机制的根源，其自给自足的经济模式也曾给广大农民带来了稳定富足的生活，孕育了繁荣灿烂的乡土文化。如何理解乡村？可以从系统性的角度来进行探讨。

“系统是由相互影响、相互作用的元素，按照一定结构组成的具有特定功能的有机整体”，而乡村就是由人类社群和地理环境两部分共同组成的一个人地关系地域系统。从系统论的观点来看，可以从元素、关系、结构、系统等四个层面，对乡村进行分析和把握。

在元素层面，乡村建筑拥有特定的符号体系、形式语言和材料工艺，这些构成了乡村的地域特征。乡建元素的合理配置，可以进一步营造“生态宜居”的人居环境，而“生活富裕”还赖于经济、产业等元素的科学引入。

在关系层面，村民与村民之间的关系、村民与自然之间的关系应该成为乡村振兴的重点。乡村生活的行为方式、思维习惯和观念标准与城市生活有所差别。由于乡村人口经常面对面交往，经济活动简单，社会变化较慢，因此人与人之间的互动更为频繁，人与自然之间的共生也相对更为紧密、多元。

在结构层面，如何建立“三方协作”的联动结构，是通过乡村治理进一步推动乡村建筑的关键。乡村拥有着差序格局，在乡村发展中，乡绅阶层扮演着重要角色，他们常常决定了村

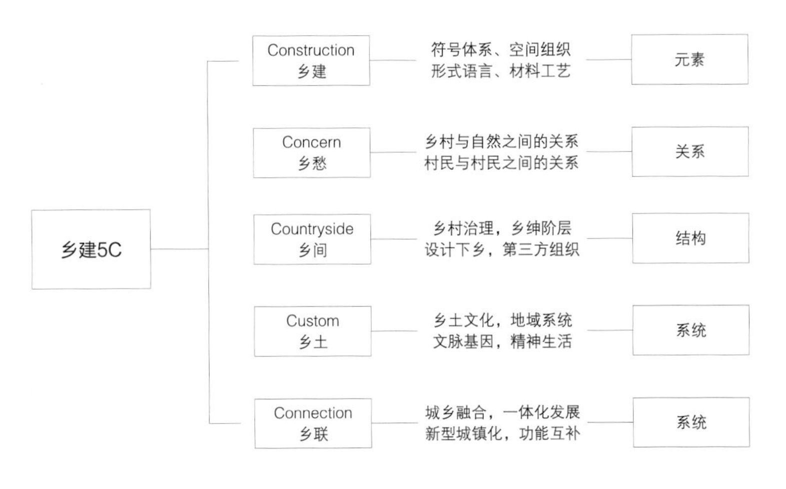

1. “乡建5C”图示
2. 先锋厦地水田书店
3. 船长之家改造

民参与乡村振兴的积极性能否被有效调动起来。而以村“两委”为代表的基层行政机构，以非政府组织为代表的第三方也会在乡村振兴中发挥重要作用，唯有三方联动，才能推动乡村建设有序开展。

在系统层面，乡村本身是一个完整的乡土系统，同时又作为子系统从属于“城-乡”大系统。乡土系统自身包含人文、经济、资源、环境等诸多子系统，发挥着满足村民需求、保障农业生产、传承乡土文脉、延续文化基因等功能。而从更为宏观的层面思考，城市与乡村在城乡融合系统层面，又可以进一步推进新型城镇化和城乡一体化发展。

基于乡建的新闽派建筑，正是从这五个层面，塑造了新型的乡村建筑，并以不同方式推动了乡村振兴。这里以“乡建5C”——“Construction”（乡建）、“Concern”（乡愁）、“Countryside”（乡间）、“Custom”（乡土）、“Connection”（乡联）为框架，作简要概述。

在“乡建”维度，他们注重传统元素的现代传承，延续传统乡村营建中的智慧和工艺，在满足气候适应性的同时，着重体现地域特征和乡土底蕴。用现代材料在一定程度上替代成本较高、工期较长、耐久性较差的木材和生土结构，而在空间组织、功能搭配、建构逻辑、比例形制、色彩搭配、形式符号等方面，积极向传统民居参考、借鉴，形成了福建地区“新乡土风格”。

比如先锋厦地水田书店，基于对场地历史以及村落整体景观的尊重，新建部分基本隐匿于老墙之内，从外面看似乎什么也没有发生。残存的老墙被视为容器，包裹了混凝土和钢结构建造的新建筑，形成当代与传统的对话。光从顶部天窗进入，穿过折线形楼板与夯土墙之间的缝隙，在某些时刻，充分描绘夯土墙的沧桑。混凝土以屏南本地碳化松木为模板，木纹混凝土粗野而细腻，与古老斑驳的夯土墙形成新材与旧物的对话。

在“乡愁”维度，他们注重乡村与自然之间的关系，“融入自然”而非“侵占自然”。力求协调好新老民居之间的关系，形成具有美感和辨识度的乡村整体风貌。与此同时，还在乡村建设中预留公共空间，改进居住模式，使公共生活和社会交往得以充分体现。在乡村地域生态系统之中，唤起“乡愁”的场所精神，首先来自乡村与自然之间关系的维护，即自然生态的融入、人居环境的营造；其次来自乡村在整体上的风格统一，即乡村风貌的留存；此外在于细节上对“人”的关注，即乡村生活的延续。

比如位于连江县黄岐半岛东北端的船长之家。改造前该建筑常年经受海风和雨水的侵蚀、砖混结构单薄存在一定的安全隐患；海边潮湿易腐的气候条件也造成了室内大面积漏水。改造后的船长之家于村落“既融入又跳出”：拱自身具备谦卑、内敛的形态，不给人以过分侵略或支配的感觉，其曲线形态又区别船长之家于周边任何一个建筑。最终，希望我们的改造给一家人提供更多有质量的生活空间，赋予他们生活的尊严，同时也能成为他们家庭情感的载体。

在“乡间”维度，这些实践作品着重发挥现代乡贤和第三方在乡村治理结构中的作用，将自上而下与自下而上充分结合起来，连接起来自政府、市场的外生动力与来自村民改善生活的内生需求，并融入来自高校、设计机构、NGO、NPO等第三方的专业指导和技术支撑，充分提升乡村治理能力和治理水平，打造结构完整、运行顺畅的“乡村共同体”。

比如位于福州永泰县的青石寨的稻亭和稻场。这不是一个静态的建筑设计和施工，而是与村民和志愿者一起来完成设计和建造，并持续共同运营乡村未来所需的文旅内容。项目得到了政府和乡民的大力支持，并面向社会开放地发出了邀约，很快收到了几百位建造志愿者的报名。最终，在百年青石寨门口，在稻田里，设计者与60多位来自中欧国际工商学院的小伙伴和志愿者们，共

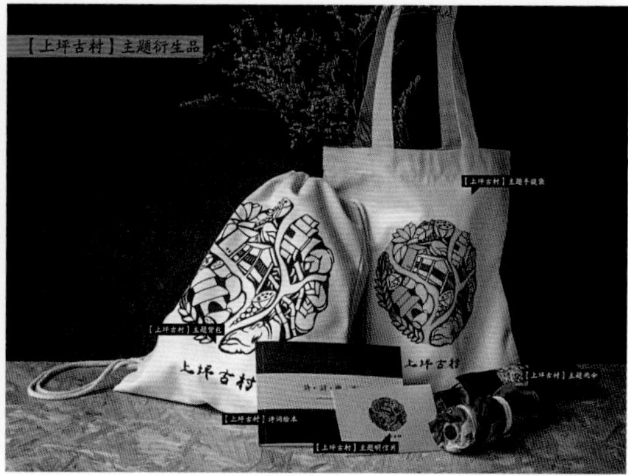

1. 青石寨的稻亭和稻场
2. 上坪古村复兴计划鸟瞰图及文化衍生品
3. 九峰村乡村客厅之一
4. 九峰村乡村客厅之二

同在小雨中完成了稻亭和稻场的建造。

在“乡土”维度，乡土建筑与村落不仅仅被视为物质空间，更被看作一个“动态的、生活性的场所”。传统乡村拥有一整套完整的乡土文化系统，包含了民间信仰、民俗活动、生产方式、行为习惯、精神价值等，也缔造了不同地区村民的集体人格。设计师们重点关注祠堂、寺庙、戏台、书院、村口、古树等节点和标志物的营造，因为它们共同构成了一个乡村的灵魂，是乡土文化十分重要的物质与空间载体，也是乡土价值观回归的关键所在。可以说，这些实践作品尤为重视丰富村民的精神生活，重塑现代乡村的精神家园。

比如九峰村乡村客厅，面对老宅已经越来越荒废的情况，设计利用这间已经多处变形的老宅子为九峰村建设一座乡村客厅。对原有老屋采取了保留和加固的态度，只是在宅子后面接续了现代舒适的卫生间。对于破损的砖柱，采取了偷梁换柱的方法，先支住屋架，然后拆掉旧的柱子，重新砌筑新的柱子。对于弯曲的木梁和地板，采取了加大密度的方法，将木梁增加了一倍，进行调直和加固处理。老墙基本不改变，保持了福州民居特有的开敞模式。整个改造的核心目的在于创造一个大体量的“会客厅”，能够接待来客、开会、培训或者喝茶小聚。乡村客厅建好之后，已经成了福州北峰旅游的必去景点之一，每天吸引大量的游客到“客厅”中游玩拍照，完全敞开的设计不拒绝任何来客，大家自由的坐卧停留嘻嘻玩耍。保留的老宅与乡土的建筑和旁边的三栋小洋房形成了强烈的对比，希望通过游客对这座小房子的注目与喜爱，慢慢地改变村民的看法，慢慢地少建小洋楼，多一份对本土传统建筑的尊重与喜爱。

在“乡联”维度，这些实践作品在一定程度上构建了城乡融合系统，让城市、乡村联动发展。他们拓宽了乡村的人居内容、丰富了乡村的环境层次，在功能、景观、文化、生活等方面对城市进行了有效补充。在乡村建设的同时，推动资源整合、品牌优化，因地制宜配置、升级农村的三次产业，从而进一步推动了农业、农村高质量发展。

比如位于福建省三明市建宁县溪源乡的上坪古村复兴计划。设计团队通过对闲置农业生产设施的改造，植入新的业态，留住人流；与空间改造同步，一系列与古村相关的文创产品和旅游活动内容也被一起考虑。设计师利用上坪古村原有的文化历史传说、传统进行乡村文创，打造一系列专属于上坪古村的乡村文创产品和旅游纪念品。这些文创产品既传承了上坪古村的历史文化，又为村庄旅游提供了收入。

总体上来看，新闽派乡建作品对福建乡村的风貌提升、生态保全、精神维系、文化自省和动力拓展起到了重要作用。相信在乡村建设进一步走向深入、新闽派乡建作品持续涌现的过程中，乡村振兴一定能够获得更多维度的拓展，更好地造福村民，培育新时代、新乡村、新未来。

本章节受到国家自然科学基金面上项目“基于复杂系统论的现代闽台地域建筑设计方法提升研究”（51878581）支持。

新闽派建筑

第三章

新闽派建筑案例

武夷山庄一期

项目地点　南平市武夷山风景名胜区
竣工时间　1984年

设计单位 福建省建筑设计研究院有限公司
东南大学建筑所
设计团队 杨廷宝、齐康、赖聚奎、杨子伸

武夷山庄的建筑造型与内部环境富有浓郁的地方特色。建筑以二层为主，结合山形地势自由布局，坡屋面高低错落、虚实有致，洋溢着闽北村居气氛。建筑内部空间流动而富于变化，内外空间相互穿插，与自然环境亲密交融，与山水景色相互渗透，营造步移景异的空间形态。运用竹、木、石等地方材料和木刻、石雕等地方传统工艺作为内部环境设计的元素，赋于山庄鲜明的个性。

设计荣获1985年国家建设部全国优秀建筑设计一等奖和1985年国家优秀建筑设计金质奖。

1 | 2
3 4 5 | 6 7 8 9

1. 南立面外景
2. 总平面图
3. 内庭院景观
4. 内庭院景观
5. 屋檐局部
6. 内庭院回廊
7. 内庭院景观
8. 庭院水景
9. 主入口透视

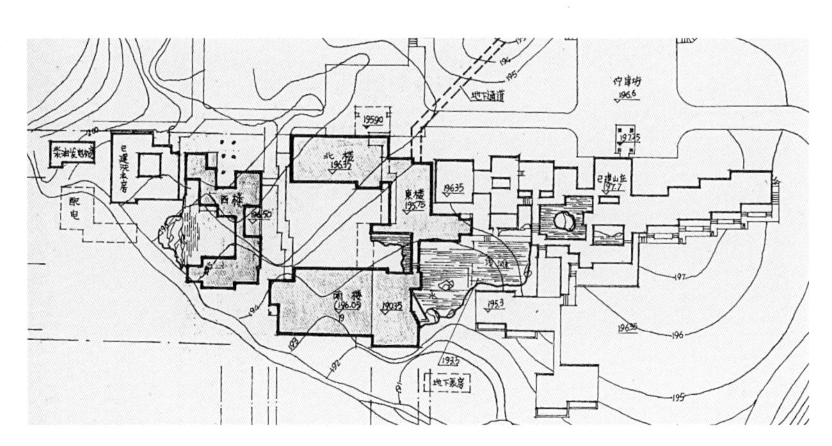

南平老人活动中心

项目地点　南平市延平区
竣工时间　1986年

南平老年人活动中心坐落在闽江畔九峰山脚下，九峰索桥从北侧凌空而过。江面上渔舟点点，江岸上怪石嵯峨，山上绿树成荫，亭台楼阁相映成趣。历史上，这里是个渔村，直到今天江岸上还有五六十户渔家。

设计新颖的建筑造型受闽江上渔舟和帆船的启发，船帆般的白墙和红色瓦顶错落有序，船形般的阳台层层叠落。不仅与周围的自然环境相协调，且隐喻了古老渔村的历史。

在三条船组成的棋牌活动室，透过天桥可以仰望到瀑布从假山上一泻而下。北端尽头是一个小讲演厅，为了避开古榕树，将它设计成菱形，既保住了古树，又巧妙地利用榕树的枝叶为讲演厅遮荫，使这里成为说书人讲评话的好地方。

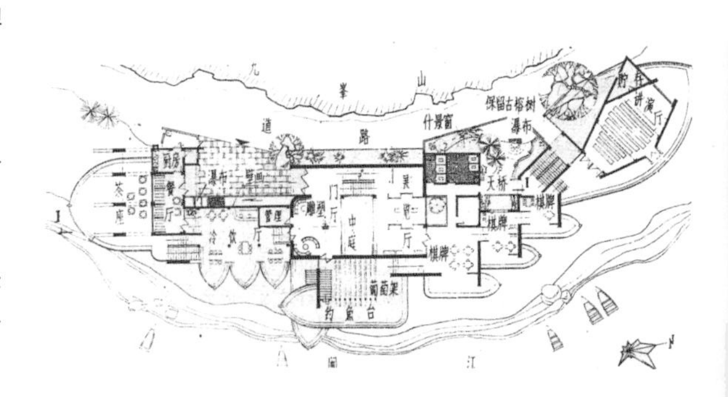

设计单位　福建省建筑设计研究院有限公司
设计团队　陈政恩　等

1. 沿江立面
2. 江面透视
3. 一层平面图
4. 滨江立面
5. 局部鸟瞰
6. 江面远眺

福州西湖“古堞斜阳”

项目地点　福州市西湖公园
竣工时间　1986年

设计吸取福州民居“厅井”空间的处理手法，设计了一个对天井开敞的庭院式茶室，创造了宁静、雅逸的气氛。景点设计结合自然环境与人工环境，延续传统“文脉”，创造了丰富的园林景观。在设计中，把福州民居中最有特色的曲线封火山墙突出予以表现。

在水边造景，设计了不同形式的水面空间：有大有小、有动有静、有分有合、有闭有敞，丰富了景观，增加了层次。园林建筑与原有树木结合、因树得景，既造了建筑又造了景。

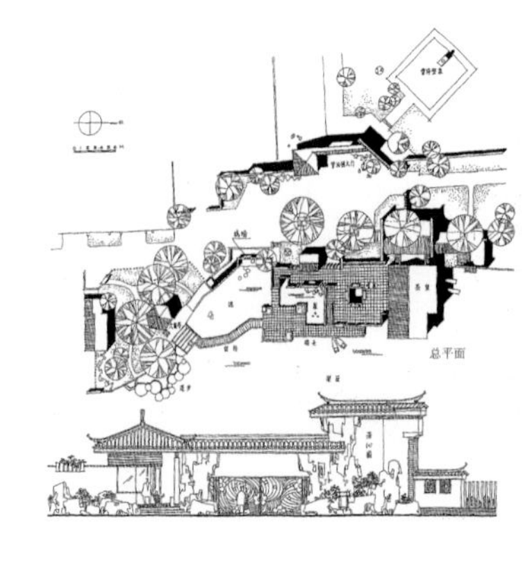

设计单位　福建省建筑设计研究院有限公司
设计团队　黄汉民、刘立德

1　2
3　4　5　6

1. 滨湖景观
2. 入口门楼
3. 总平面图
4. 庭院景观
5. 茶室入口
6. 芳沁园大门

福州画院

项目地点　福州市于山风景区
竣工时间　1988年

设计单位　福建省建筑设计研究院有限公司
设计团队　黄汉民、陈奋劢、王小秋

1. 主入口透视
2. 立面局部
3. 一层平面图
4. 手绘全景透视

画院外观造型继承福州传统民居的风格并有所创新，外形生动而有变化，与风景区环境相协调。平面布局紧凑，充分利用有限地段空间。内部空间体现福建传统建筑的空间特色，空间外封内敞，内向、开敞的室内空间与庭园水院相结合，室内外空间穿插，借景于山白塔，为画家创造了理想的环境。

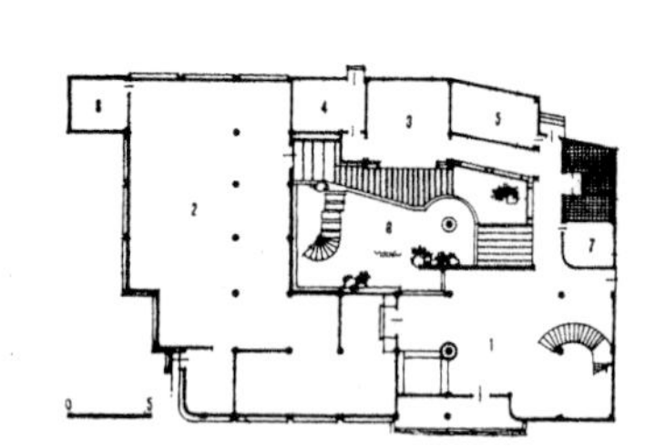

厦门大学艺术教育学院

项目地点 厦门市思明区
竣工时间 1989年

设计单位 福建省建筑设计院有限公司
设计团队 高亚侠、陈敏华、陈杰民、林春煊、陈佩文、陈德贺、黄斌

1. 沿环岛路透视
2. 西侧楼梯透视

厦门大学艺术教育学院位于厦门胡里山炮台西北侧。建筑地处高地，俯瞰环岛路，选择以纯白简洁的体量呼应海洋环境，通过空中连廊连接美术系与音乐系的两栋教学楼，并引入海风，创造适应闽南地域气候的建筑微环境。

平面设计在保证坐北朝南的前提下，美术楼及音乐楼前后错开布置，面临大海。

美术系的西侧楼梯设计成60度斜面，与山势遥相呼应，相得益彰。学院的主要入口设在地势的西南面，由6米宽的台阶引入，再拾阶而上进入展厅，展厅外墙壁画强调了入口的艺术效果，并独树一帜，令观者过目不忘。

建筑错落有致，第五层处用20多米的展廊将两系连成一个有机的整体。

福建省物资贸易中心

项目地点　福州市树兜
竣工时间　1990年

设计单位　福建省建筑设计研究院有限公司
设计团队　黄汉民、王小秋

利用福州特色的曲线型封火山墙的形象，加以简化、变形，在高低错落的女儿墙上突出表现，形成鲜明的地方特色，对高层建筑地域特色的表现作了有益的探索。

建筑取台阶式往上递收的活泼造型，外墙面简洁的方块分格，增加了立面层次。高低错落的造型强调了建筑的雕塑感与现代感。

在基地狭小、主楼要躲避微波通道及温泉深井等多种限制条件下，建筑与特定的环境有机结合取“L”型布局，形成楼前广场，使两端展厅更贴近街道。标准层合理布局，使绝大部分客房争取到较好的朝向。

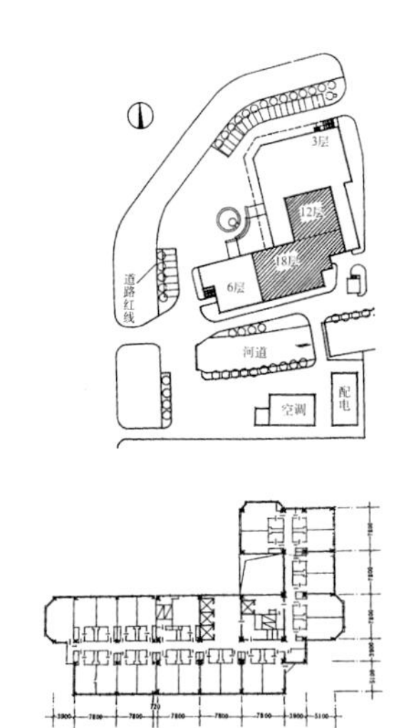

1. 沿街透视
2. 总平面图
3. 4~6层平面图
4、6. 立面局部
5. 室内

厦门英才学校一期工程

项目地点　厦门市集美区
竣工时间　1995年

设计单位　福建省建筑设计研究院有限公司
设计团队　兰春、吴至尊、洪革、张浩、阮文泰、林天赐、李实如

1
2
3　4

1. 主入口透视
2、3、4. 外观透视

建筑群以红砖色为主调，衬以白色线条，基座采用灰色火烧板，体现闽南传统建筑特色。统一的色调和母题，使整个建筑群成为协调的整体。

整个校园的空间组织强调中轴线，气势宏大，形象完整。中轴以外的单体建筑相对自由布局，既丰富了群体建筑的空间关系，又使单体建筑获得最佳朝向。

福建省画院

项目地点　福州市鼓楼区
竣工时间　1992年

建筑从福建传统民居的曲面屋顶和内院式布局汲取养分，形成了现有的基本布局与形象。画院内设画室、展厅、画廊、多功能厅等空间，分区明确，动静分明，为画家创作和交流创造了理想的环境。总体设计借山水园景与环境有机融合，适应南方气候的特点，平面取对内院开敞的自由布局。三个内庭大小不同、风格各异，相互通透，形成整体，院内水面、曲桥、绿地、叠石有机组合，空间层次丰富，充满生气，达到自然、活泼、清新的艺术效果。

画院大门仿汉阙形象，以突显个性的曲面蓝顶、粗犷的石柱与蓝色玻璃的对比，突出了建筑的时代感与鲜明的地域特色。

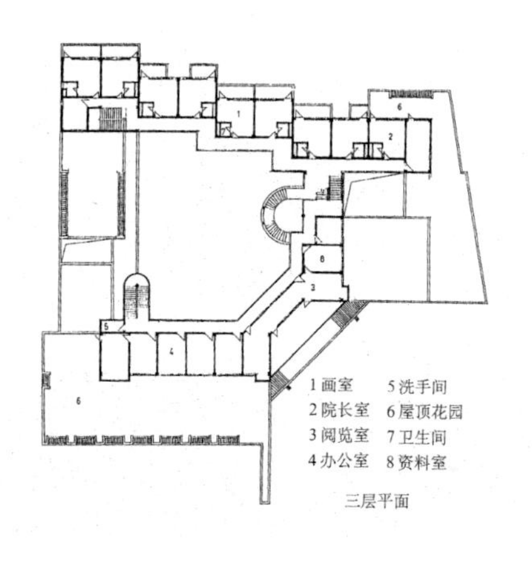

三层平面

设计单位　福建省建筑设计研究院有限公司
设计团队　黄汉民、梁章旋

1

2 3 4 | 5 6 7

1. 主入口透视
2. 平面图
3. 庭院景观
4. 门厅一景
5. 庭院景观
6. 过厅
7. 主入口

武夷山庄二期

项目地点　南平市武夷山风景名胜区
竣工时间　1992年

武夷山庄的扩建不只有量的增加，更有质的飞跃，既有对原有建筑风格脉络的继承发展，同时也反映了时代风貌。二期建筑延续一期建筑的理念和设计手法，充分利用地形落差，隐藏建筑体量，让建筑与武夷山区的独特环境完美融合。

建筑造型、格调、色彩、选材、细部处理上也与一期协调一致，通过游廊、庭院、泉流、瀑布，与一期工程形成完整的建筑空间群落，融前后建筑为一体，并与闽北民居取得一致的呼应。

1
2 3 4 | 5 6

1. 南立面外景
2. 主入口
3. 主入口雨棚
4. 大堂
5. 外景
6. 南立面局部

设计单位 福建省建筑设计研究院有限公司
东南大学建筑所
设计团队 齐康、赖聚奎、杨子伸

福建武夷山玉女大酒店

项目地点　南平市武夷山玉女峰路
竣工时间　1993年

崇阳溪北是旅游度假区，由于武夷山庄等建筑风格的影响，这些新建的建筑多有模仿。在小山坡上建筑的玉女大酒店却别具一格，风格迥异，采用了客家土楼的圆形的组合体，与小山头自然的结合。设计时组群中的配楼亦作统一的风格设计。主楼与裙楼相互配合。

以圆形为原型的摹仿必然要与地段的特点相结合，从入口、大堂客房的配套都做了完整的内装设计。

1. 内院
2. 圆楼客房外观
3. 卵石外墙细部
4. 内院一角
5、6. 圆楼客房外观局部
7. 酒店入口透视

设计单位　东南大学建筑研究所
设计团队　陈宗钦、齐康、段进、周明、张宏　等

福建省图书馆

项目地点　福州市湖东路
竣工时间　1995年

建筑造型突出文化性、地域性和现代性。把福建圆楼、闽南传统红砖民居中最有特色的建筑语汇，以现代的手法加以改造、变形、重组，集中加以表现，使之具有鲜明的地域风格和突出的个性特色。

建筑设计藏书300万册。平面为均衡对称、适度集中的庭院式布局，适应南方气候特点，中庭对两侧庭院开敞，内外空间流通，形成舒适惬意、富有魅力的共享空间，构成图书馆内部空间的核心，以合理组织借阅活动。藏书取分散与集中、开架与闭架相结合的方式，使图书储存及读者服务都有选择余地。

设计荣获1997年福建省优秀建筑设计一等奖。

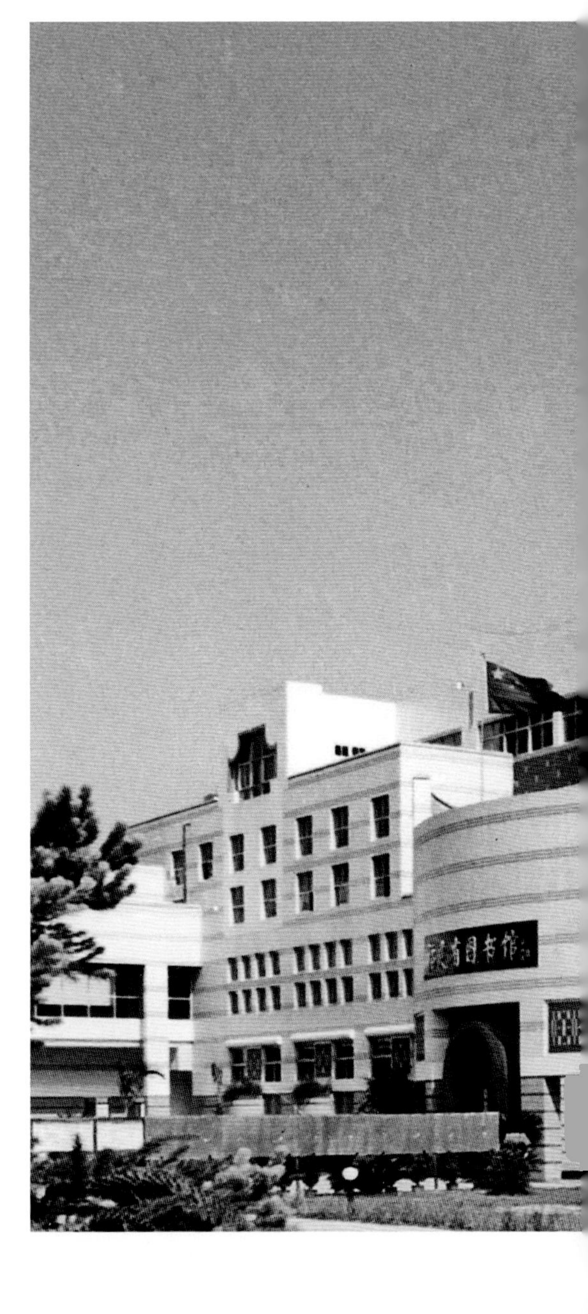

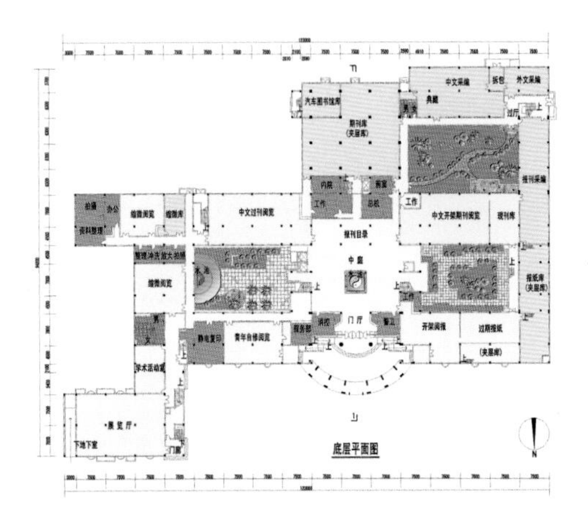

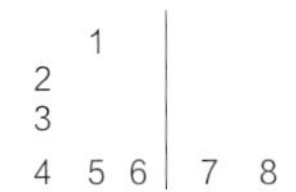

1. 沿街立面透视
2. 一层平面图
3. 总平面图
4. 主入口透视
5. 底层架空
6. 入口前院局部
7. 外墙局部
8. 建筑细部

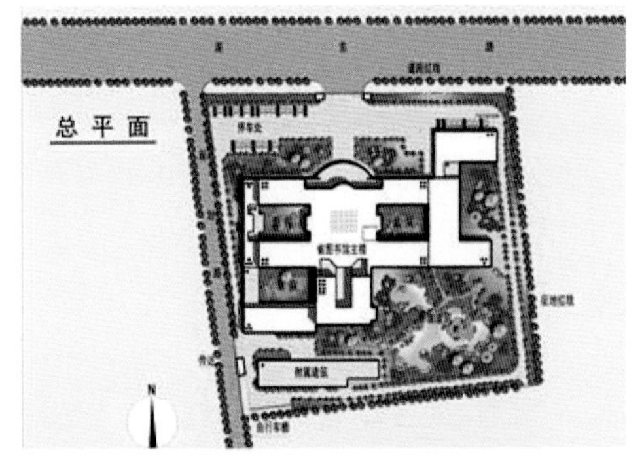

设计单位　福建省建筑设计研究院有限公司
设计团队　黄汉民、刘晓光、王小秋

冰心文学馆

项目地点　福州市冰心公园左侧
竣工时间　1997年

冰心文学馆南面紧临曲折蜿蜒的水面，与公园中的历史名人馆、茶艺馆遥相呼应。文学馆南向草坪设置冰心雕塑。

建筑风格质朴无华、平易近人、贴近自然，在吸取福州地方民居风格基础上，力求推陈出新，新颖独特。

建筑形体组合采取整体低层水平展开，局部起伏，高低错落的手法，以体现建筑与自然亲近和丰富的文化内涵。建筑形式主要为双坡顶，白墙灰瓦，主入口中庭上方采用了高耸的四坡顶重檐形式，以突出主入口空间。细部处理把握形式、色彩和材质三者的变化与对比。主入口顶部曲线山墙的变形，青灰色瓦屋面和坡檐的穿插起伏，充分表现了建筑典雅、明快、亲切的艺术形象和鲜明的地域特色。

设计单位　福建省建筑设计研究院有限公司
　　　　　东南大学建筑设计研究院
设计团队　齐康、林卫宁

1. 沿湖透视
2. 庭院
3. 鸟瞰图
4. 建筑外景
5. 陈列室室内

长乐博物馆

项目地点　福州市长乐冰心文学馆对面
竣工时间　2004年

长乐博物馆的建筑造型丰富、高低错落中轴对称的主体建筑结合两侧内院围合布局，即庄重稳定又不失空间活泼，体现出福建长乐民居及院落神韵。作为与冰心文学馆隔路相对的长乐博物馆，其立面采用了与冰心文学馆相似的长乐当地民居风格，如曲线形风火墙、灰瓦、白墙，独特的挑檐造型，大面积的外墙浮雕更加突出了博物馆的文化内涵。

1
2　3　4

1. 主立面
2. 陈列室
3、4. 山墙细节

设计单位　福建省建筑设计研究院有限公司
设计团队　郑平、黄汉民、陈子颖、陈崑

福建会堂

项目地点　福州市西湖宾馆内
竣工时间　1999年

福建会堂位于福州西湖东岸，与西湖宾馆贵宾楼相连，设一个1508座会议厅兼中型演出用观众厅，一个220座国际会议厅、13个议事厅和一个接见厅。地下两层作为停车库及设备用房。

总体设计保留原有古榕树并与湖景相结合，形成面向西湖及湖滨支路两条轴线，轴线交点设一架空敞厅作为会堂主入口，敞厅面向西湖，作为会议休息及公共活动空间，体现出民主、开放的人民会堂形象。会堂的正面朝向西湖，呈“八”字形张开，含开放及热情欢迎的寓意。大量花岗石材料的运用使会堂更显庄重典雅又体现了福建的地域特色。弧形网架玻璃顶、金属墙板、玻璃幕墙以及彩色钢板屋面使会堂更具现代气息。

1
2
3　4　5 | 6　7

1. 主立面透视
2. 总平面图
3. 观众厅
4. 侧立面
5. 主广场透视
6. 远景
7. 大厅

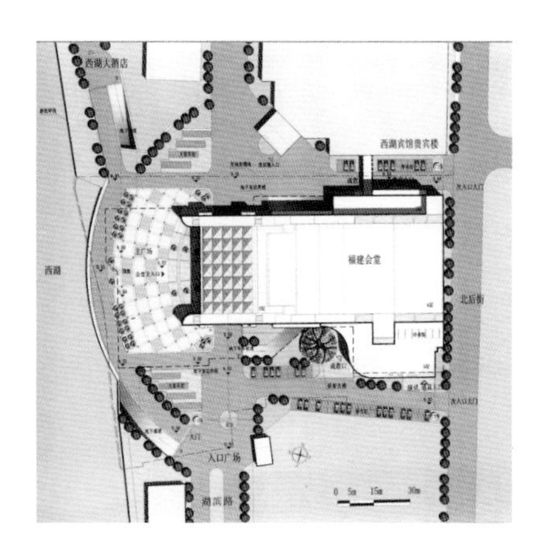

设计单位　福建省建筑设计研究院有限公司
设计团队　黄汉民、郑平、林天赐、张伟

漳浦西湖公园

项目地点　漳州市漳浦县
竣工时间　20世纪90年代

设计单位　天津大学建筑设计研究院
设计团队　彭一刚　等

公园主要入口选择在基地东端，正对着旧城区老街。入口大门设计元素提取自当地妇女所戴的斗笠，把屋顶形式做成“反曲线”的形式，有别于传统的起翘、举折，同时融入闽南民居所常见的“燕尾脊”。

在湖面东部以人工填湖的方法筑一小岛，岛上建一高达五层的阁楼称“储英阁”，纪念该地区历史上四位德高望重的名人，成为统揽全园的焦点和重心。储英阁之南，规划设计一所民俗陈列馆，平面呈1/4圆的扇形，在形式处理上尽量吸取民居的做法，给人以亲切感。

1 | 2
3 4 5

1. 水边阁楼
2. 湖面透视
3. 公园中心鸟瞰
4. 入口透视
5. 阁楼透视

厦门杏林日东公园

项目地点　厦门市集美区
竣工时间　20世纪90年代

公园地处高新技术开发区内，如何继承传统又具有现代感，是方案构思的关键。

设计大胆地采用了铝合金板作为屋面材料，并把呈下凹曲线的传统屋面形式改为微微上凸的拱形屋面，上部再加上一个三角形的格架，于是一种全新的屋面形式应运而生，既现代又不失传统风韵。在其临水一面设计了一个观景塔楼，使整个建筑群高低错落有致，形成全园景观的焦点和重心。

1. 园内透视
2. 鸟瞰
3. 园内透视之一
4. 园内透视之二
5. 园内景观鸟瞰

设计单位　天津大学建筑设计研究院
设计团队　彭一刚　等

福建省博物院

项目地点　福州市省西湖公园内
竣工时间　2002年

总体布局采用东西结构轴和南北景观轴将四个建筑单体与入口广场、内庭院、中心广场等串联，形成层次丰富的建筑空间和环境氛围。注重内外空间的交融及建筑与周边绿化、水体的互动，表现了建筑与自然的和谐对话。

建筑形象塑造主要表达建筑的文化性、地方性和时代感，主题突出“壮丽”二字，“壮”以浑厚的建筑体量组合，遒劲洒脱的建筑轮廓线、粗犷的饰面材料、独特的建筑装饰表现建筑的文化内涵和大气浑然的建筑气质。“丽”则体现福州山水建筑文化的清秀、雅致，设计运用传统建筑语汇在建筑女儿墙顶部、单元体挑檐、入口雨棚、门框等部位生动地表达了福建地方建筑文化的内涵。

设计的点睛之笔是主入口边的图腾柱，柱头三条金属癸龙托着一个银色金属球体，以示现代“天球”，龙是闽文化图腾“蛇”的象征，也隐喻了福州的三山。挺拔高耸的图腾柱与水平展开的建筑体量形成构图的均衡和对比，并与中央大厅穹隆顶交相辉映，表现了建筑独特的标志性。

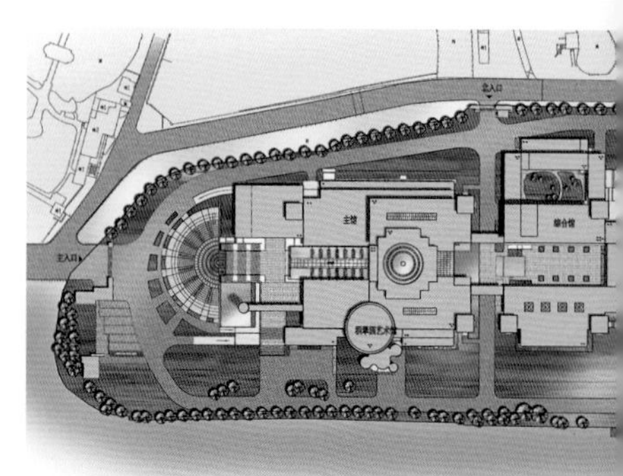

总平面图

设计单位　福建省建筑设计研究院有限公司
　　　　　东南大学建筑研究所
设计团队　齐康、林卫宁、孙娟、洪革、邓浩、杨志疆

1. 综合馆入口透视
2. 总平面图
3. 鸟瞰图
4. 南入口透视

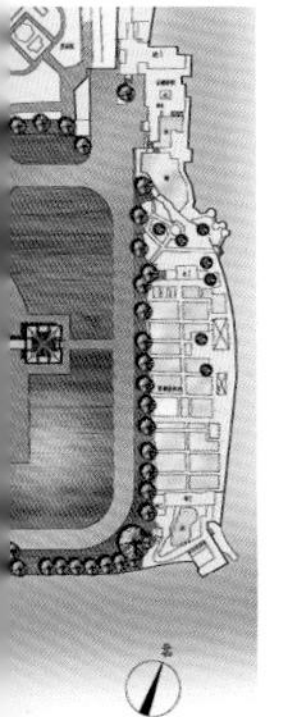

武夷山茶博物馆

项目地点　南平市武夷山三姑度假区
竣工时间　2008年

茶博物馆以美丽的主景区（大王峰、玉女峰、九曲溪崇阳溪）为背景，充分结合地形地貌进行设计，依山而建，融入中国宋代建筑风格，力求将茶博物馆建设成一座标志性的建筑。制作工艺上采用钢结构，双层压轴钢板复合构造，结合当地"武夷红"传统色彩，达到功能与形象上的完美统一。

1
2 3 | 4 5 6

1. 鸟瞰
2. 庭院
3. 武夷茶研习社
4. 武夷茶研习社入口廊道
5、6. 武夷阁

设计单位　福建省建筑设计研究院有限公司
设计团队　黄乐颖、黄晓冬、林顺福、马非

厦门大学嘉庚主楼群

项目地点　厦门市思明区
竣工时间　2001年

设计单位　厦门大学建筑与土木工程学院
　　　　　厦门大学建筑设计研究院
设计团队　黄仁、王绍森、陈阳、徐文才、陆敏玉　等

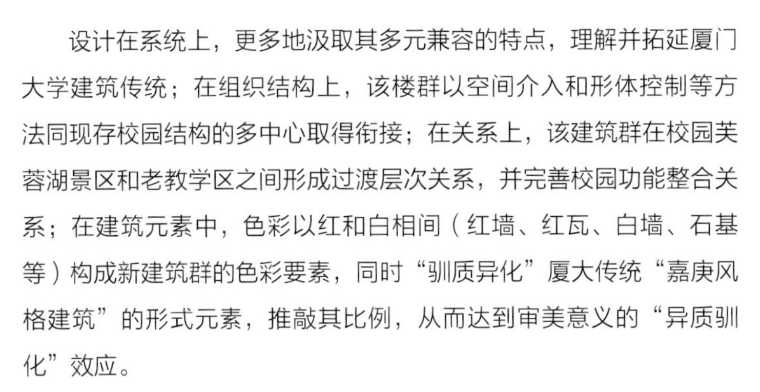

设计在系统上，更多地汲取其多元兼容的特点，理解并拓延厦门大学建筑传统；在组织结构上，该楼群以空间介入和形体控制等方法同现存校园结构的多中心取得衔接；在关系上，该建筑群在校园芙蓉湖景区和老教学区之间形成过渡层次关系，并完善校园功能整合关系；在建筑元素中，色彩以红和白相间（红墙、红瓦、白墙、石基等）构成新建筑群的色彩要素，同时“驯质异化”厦大传统“嘉庚风格建筑”的形式元素，推敲其比例，从而达到审美意义的“异质驯化”效应。

楼群组合上，沿用厦大“一主四从”的传统群体建筑组合型制，以五幢建筑组合成楼群，主楼为21层，四方塔形坡顶，其余四幢为6层坡屋顶建筑，楼群整体以连廊联结，并以大台阶衬托，构成一个统一的整体。同时，为适应厦门地域避雨遮阳的需要，在每幢单体建筑中也有回廊，灰空间，对景、借景等小的细部空间处理，保证使用空间的同时增加其空间的局部空间效果。

总体而言，建筑语言强调传统与现代的结合，延续嘉庚建筑风格，适应环境（ 地形、气候 ）、中西合璧（ 兼容性 ）、白石红砖坡屋顶（闽南大厝红砖文化的影响 ）、富有创新精神。在分析厦大校园传统嘉庚建筑传统特点的基础上，综合了校园环境总体关系、功能要求、地域特点、同时注意到时代性，试图设计出在厦大校园中一个既有创作新意，又有地域特点的建筑。

1　　3
2　　4 5 6 7

1. 嘉庚主群沿湖透视
2. 嘉庚主群楼鸟瞰
3. 从拱廊中看嘉庚主群楼
4. 入口雨棚空间
5. 连廊空间
6. 新旧建筑之间的梯节过渡
7. 祖营楼入口大台阶

厦门大学图书馆改扩建一、二、三期工程

关照厦大环境——形式+色彩，首先在建筑形态上协调厦大中西合璧的厦大嘉庚建筑风格，并在新扩建部分以中国的汉阙和西洋山花相结合，以红砖和仿石面砖相结合，与厦门校园建筑取得形式和地域色彩上的呼应协调。

协调功能关系——流线+序列。将原南向入口改到东向入口，从而更加符合校园总体流线关系，同时结合现代图书馆开放管理理念，把原来东侧院落加盖一层形成一个中庭，变成一个积极的场所环境，联系借阅空间与书库，形成入口—综合大厅—借阅空间，这样一个新的秩序关系。

营造环境气氛——院落+文化。通过改扩建使原来的双院相套的空间模式，使得建筑变成院落+中庭的模式。院落适应闽南气候，入口门廊构成仪式空间，中庭营造空间解决现代综合功能，共同构成新的空间秩序。新旧建筑之间室内拱廊（驯质异化形式）既加强新旧柱廊的关系又增加建筑新的语汇，营造厦大语言下的文化显现。

总体而言，项目设计充分分析建筑的周边环境，化整为零，建立良好的环境关系；使用厦门大学独特的嘉庚建筑语言，同时结合中国传统书院气质，营造文化气质；强调新旧建筑的和谐统一性；关注地域气候，以天井、挑檐等手法处理建筑的自然采光及通风。

1. 鸟瞰图
2. 闽南红砖白石与汉阙、西洋山花
3. 形体与色彩
4. 图书馆室内
5. 室外学生交流空间

项目地点　厦门市思明区
竣工时间　一期2001年、二期2005年、
三期2015年，已建成

设计单位　厦门大学建筑与土木工程学院
厦门大学建筑设计研究院
设计团队　王绍森、邱鲤凡、郭露、万军、肖祁林、
陈申、陈文雄、周卫东（三期）

厦门文联大厦

项目地点　厦门市思明区曾厝垵
竣工时间　2000年

厦门市文联大厦位于厦门市曾厝垵红楼原址，红楼原为国立侨民师范，虽年久失修，但其立面比例协调，雕饰精美。为了更好地继承原有建筑的文脉和历史风貌，设计保留了老建筑中最有艺术价值的部分墙面，并借鉴原址建筑的庭院式布局，文联大厦完整地延续了骑楼建筑立面形式、结合拱廊、红砖、柱石、窗花和细部构造等，真实、完整地回应了厦门地域基因和场所历史文脉。

1. 主入口透视
2. 拱廊
3. 精美细节
4. 外立面
5. 建筑细部
6. 内部庭院
7. 建筑细部

设计单位　厦门合立道工程设计集团股份有限公司
合作单位　东南大学建筑研究所
设计团队　齐康（东南大学建筑研究所）
赵晓波、赵建群、欧阳黎东、潘海天、曾志泓

南安市老年人活动中心

项目地点　泉州市南安溪美街道
竣工时间　2002年

设计综合考虑地形、地貌和地域文化，根据类型学的形式原则，以本地文化特征作为创造基因，探索一种联系历史与未来的新闽派建筑。

设计以圆形土楼为原型，将其厚实的土墙转换为倾斜覆土的绿色建筑。这种现代手法的转换和创造，不仅使建筑获得了一种拥抱大地、融入自然的新形式，而且使传统土楼冬暖夏凉的生态内涵，在新形式中得到了发展和升华。设计中结合功能的需要，以古厝民居为原型，通过分解和转换，构筑了一个三面围合的新型院落、并由此创造了一个既是圆楼变体又有古厝院落基因，南直北曲、内方外圆的新形态，形成一座集娱乐、学习、健身、联谊等多项功能于一身的综合性建筑。

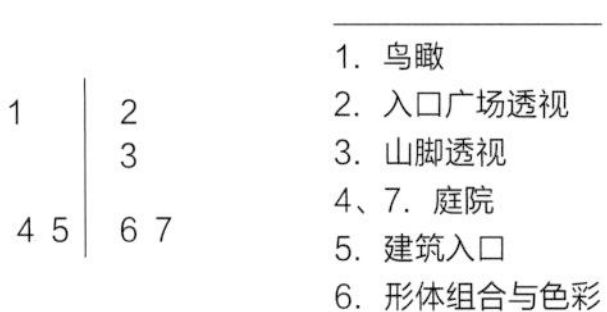

1. 鸟瞰
2. 入口广场透视
3. 山脚透视
4、7. 庭院
5. 建筑入口
6. 形体组合与色彩

设计单位　华侨大学建筑设计院（泉州）有限责任公司
设计团队　姜传宗、孙永青、李晓耕　等

天后广场和天后戏台

项目地点　莆田市湄洲岛
竣工时间　2003年

设计单位　福建省建筑设计研究院有限公司
设计团队　郑平、林斌、林天赐

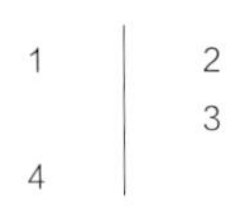

1. 整体鸟瞰
2. 天后广场鸟瞰
3. 远景鸟瞰
4. 天后广场透视

妈祖作为中国最具影响力的航海保护神，是妈祖信俗文化的核心，包括祭典仪式、口头传说等文化艺术以及民间习俗，遍布福建乃至世界各地。

湄洲妈祖祖庙包括传统西轴线和新建南轴线两大建筑群，西轴线有牌坊、山门、圣旨门、钟鼓楼、正殿、寝殿、朝天阁、升天楼等。南轴线建筑依山而建，靠山面海气势恢宏。建有寝殿、敕封天后宫殿、庑房、献殿、钟鼓楼、山门、牌坊、天后广场、天后戏台等。

天后广场和天后戏台是祖庙南轴线的结束点，是妈祖诞辰举行祭祀仪式和活动的地方。广场长129米，宽80米，沿轴线北侧设牌坊，两侧布置观礼台围合广场，轴线结束在天后戏台。建筑形式与南轴线整体建筑群体相统一，吸收采用莆田湄洲传统地方建筑造型和色彩的特点，在广场就能感受到祭祀的庄严和活动的宏伟。

福建省公安专科学校图书馆

项目地点　福州市仓山区首山路
竣工时间　2003年

建筑设计借鉴并吸收了福建闽西传统民居的特色，将圆形土楼的空间布局方式及造型手法与图书馆的功能以及现代造型艺术进行了有意义的、探索性的融合。对外封闭、对内开放，隔绝了外围靶场的噪音，创造了内圈宁静的阅览环境。

不闭合的环形平面是对传统的突破，朝南打开30度的开口，既迎入了本地主导的东南风，又打破了封闭感。

朴素的粗面涂料，灰蓝色铝合金明框和普通无色透明玻璃配合形成了独特的清新风格，且凸显了学校建筑的特色。小的绿化庭园和屋面花园的设置实现了空间渗透、内外交融的效果，创造了各具特色的室内外阅读、交往和休憩空间。

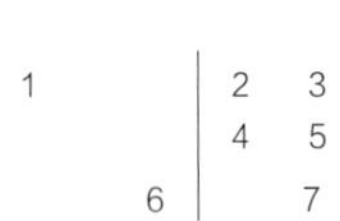

1. 主入口透视
2. 侧面入口台阶
3. 屋顶出檐局部
4、5. 屋顶花园
6. 平面图
7. 剖面图

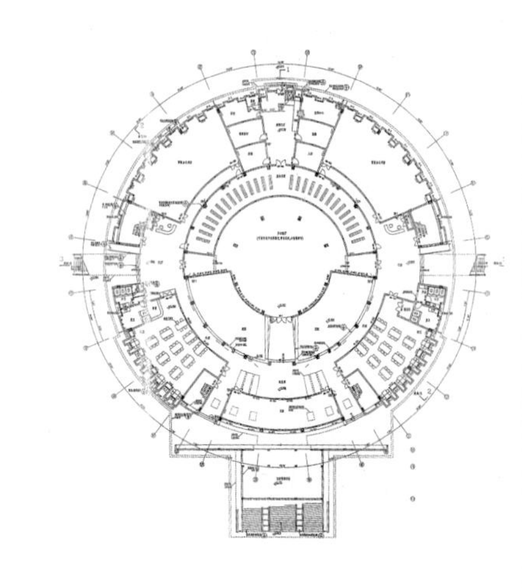

设计单位　福建省建筑设计研究院有限公司
设计团队　赖岳峰、黄汉民、陈岗、吴震陵

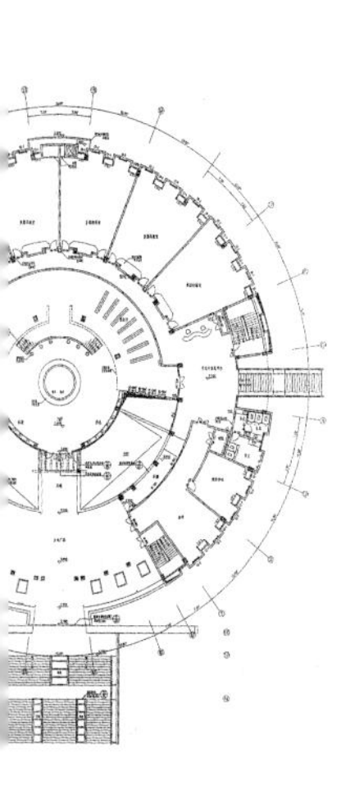

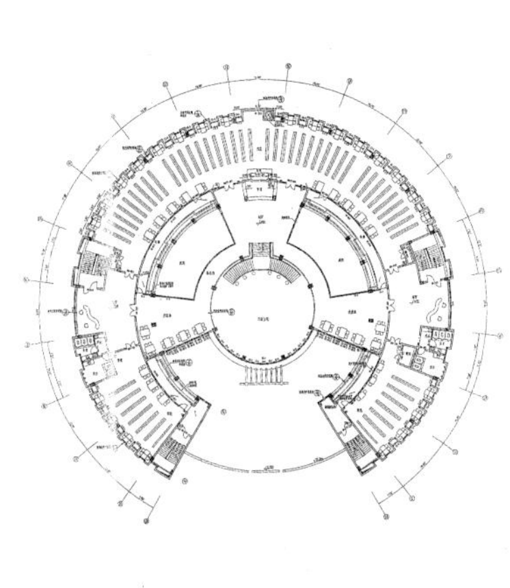

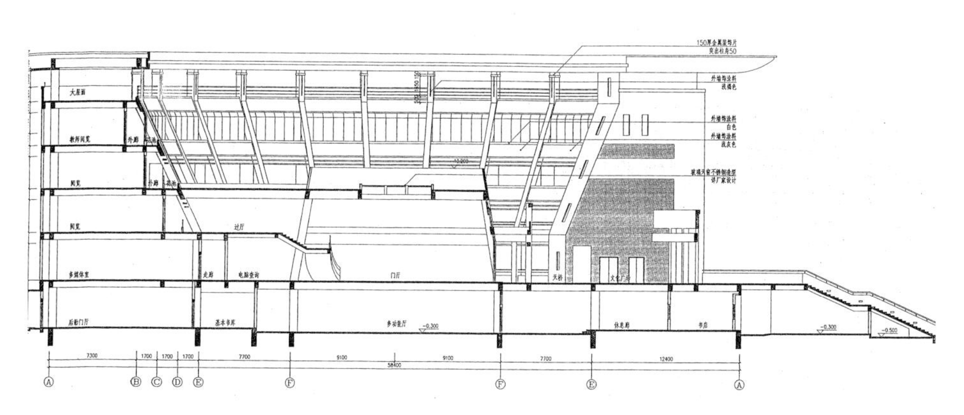

福州一中新校区

项目地点　福州市闽侯县上街镇福州大学城
竣工时间　2004年

山水校园——与基地生态环境紧密结合，将用地北部的小山体引入教学区内部的学生街，同时整合中部的水面，打造一个自然环境与建筑空间相互交融的山水校园；

古朴风格——以一中厚重、古朴的风格承载一中近二百年的历史。注重建筑造型整体上的和谐统一，高低起伏，细节上的肌理变化及光影效果；

多元空间——从室外到室内，从大广场到小挑台，以人性化的尺度创造多层次、多场所、多元化的空间；

游历连廊——设计了一条贯穿全校的风雨连廊，回应闽南日常遮阳避雨需求，既方便实用，又可让师生在不经意的游历之间收获不同的风景与心情。

设计单位 福建省建筑设计研究院有限公司
设计团队 林蔚然、袁军、魏昌斌、江文祥、林涛

1	3
	4
2	5

1. 西侧实景
2. 实验楼西立面
3. 体育馆
4. 教学楼与图书科技楼连廊
5. 学生街内景

福州大学学生宿舍区

项目地点　福州市
竣工时间　2003年

项目位于福州大学城，西临旗山山脉。整体规划呈树状分支布局，用地中部形成南北向的休闲景观、公共服务绿轴。各居住组团相对独立，依附绿轴沿南北顺次布置。组团的内院环境安静、温馨，与中央绿轴、西侧旗山形成空间与视觉的良好渗透关系。

公寓造型吸收了传统建筑元素，采用简洁大方的平坡屋面相结合，立面整体呈现白色体量穿插红褐色面砖及局部灰线条的组合形态，不仅展现了校园建筑的活泼性，又是传统建筑元素的当代演绎。

1. 整体透视图
2、3、4. 局部
5. 入口
6. 鸟瞰

设计单位　福建省建筑设计研究院有限公司
设计团队　梁章旋、林建峰、魏昌斌、周羚

厦门国家会计学院

项目地点　厦门市环岛路南段
竣工时间　2004年

厦门国家会计学院山水环绕，与周围景致完美呼应。校园地形地势复杂变化，因地制宜组织各功能分区。教学和行政建筑沿东西轴线严谨规整布置，在宁静典雅的节奏和秩序中蕴含国家级学府的文化内涵。生活区建筑依山就势，体现与自然山水环境融合的生机和活力，并与规则的教学区相辅相成，达到和谐统一。阅览室和阁楼有如漂浮的“岛屿”，而楼宇的主体从踏步平台挑出并具有一个更为实体的外观，像山边悬挑出的岩石，其屋面铺地和景观设计在效果上成为教学庭院的一种延伸，主要部分的内部组成围绕着一个有遮阳的天窗的中庭。

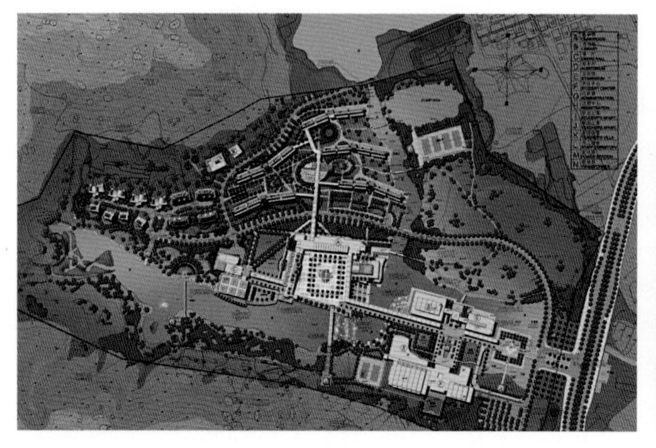

设计单位　厦门合立道工程设计集团股份有限公司
合作设计　B+H国际建筑师事务所
设计团队　合立道团队：赵晓波、黄琰、魏伟、苏泽宇、钟经会、黄迎松
　　　　　B+H团队：邱秀文、Michael Jones、刘亮

1

2 3 | 4 5

1. 整体透视
2. 总平面图
3. 大台阶与亲水平台
4. 底层架空与跌层景观
5. 校区内部环境

连江贵安温泉会议中心

项目地点　福州市连江潘渡
竣工时间　2005年

建筑形式采用传统的双坡屋顶，结合福建地域特色，屋顶高低错落组合，形成整体建筑形象，传达出亲切适宜的尺度感。设计上尝试传统主义探索，采用方形、圆形的坡顶穿插组合，墙面采用中国传统的梁柱结构隐喻。

建筑高低错落的屋顶配合横向线条，与周边流畅的山形遥相呼应，融于山水的同时给人以典雅古朴的感觉，形成富有层次的空间环境。

建筑现代简洁的手法与传统意向元素相结合，坡屋顶、挑檐，结合竖向立柱，处处彰显着建筑的庄重、典雅，大气，既体现了会议中心酒店的雅致温馨的氛围，又保留闽派传统的文化底蕴。

1 | 2
　| 3
　| 4 5

1. 鸟瞰图
2. 建筑错落层次
3. 设计构思
4. 远景
5. 建筑细部

设计单位　福州市建筑设计院有限责任公司
设计团队　张友荪、林纹剑、陈国宇、张明、张鼎松　等

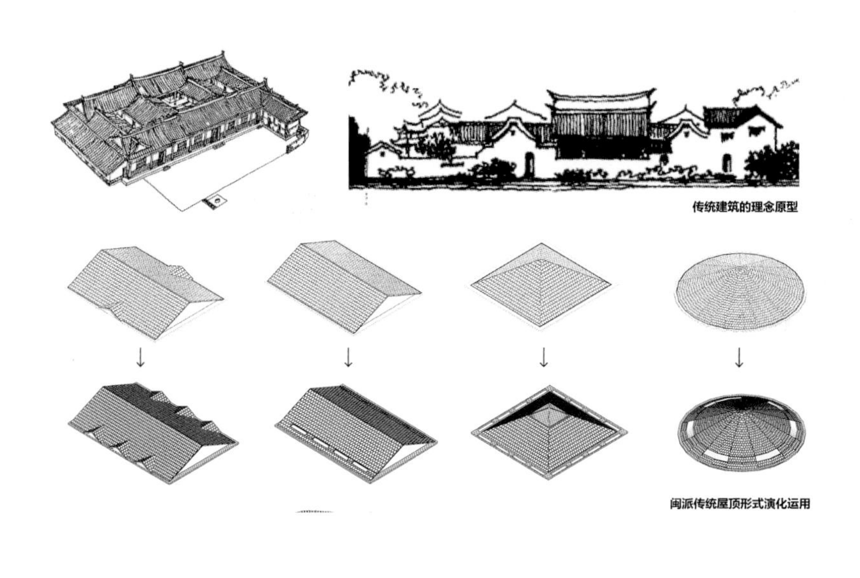

传统建筑的理念原型

闽派传统屋顶形式演化运用

福建医学高等专科学校

项目地点 福州市闽侯县
竣工时间 2005年

校园规划充分利用周边地形、地貌环境，以溪水、自然山体为新校区的背景，保留基地内的一条河溪，结合“十”字形轴线中心的休闲湖区，营造环境优美、生态宜人的山水学园。

在校园空间营造上，吸取福州民居“厅井”空间布局形式，创造复合院落空间，给人以多样化的空间感受。建筑整体风格塑造了“医学院校”的特有形象并与地域建筑特点有机结合起来，创造具有个性的建筑形象特征。结合南方气候特点，注重建筑的遮阳和通风设计，大量运用建筑架空和外廊设计，将学校功能与建筑节能结合起来。

设计单位　福建省建筑设计研究院有限公司
设计团队　梁章旋、原滔、柯宇青、张彬、王小秋、林莉、邱义财、林秀玲、林建峰

1
2 3 | 4 5

1. 图书馆
2. 教学楼
3. 学术厅
4. 学生食堂
5. 行政楼

厦门大学科学艺术中心

项目地点　厦门市思明区
竣工时间　2010年

建筑对闽南传统建筑的学习，超越了单纯的形式模仿，摆脱了早期前喻文化式的直接引用，延续了嘉庚建筑中西建筑要素在垂直方向混合运用的根本特点，在抽象层面上发展了嘉庚建筑。覆盖绿色筒瓦的大屋顶漂浮在芙蓉湖边的树林上空，夸张了闽南地区最具符号性的屋顶；同时对其进行切割，既夸张了体量感，又保证了合宜的尺度感；同时，超尺度、异形体的屋顶营造出了一种异化的经验。

通过不同语言、符号、空间的混合、杂交、抽象、变异，再现典型的类型构成要素，表达和强化场所经验，体现出一种内在历史文化的持续感。对民居建筑柱廊空间的转译，则体现在了建筑沿湖一侧：通廊相对于建筑体量刻意压低的高度和压窄的宽度，在大型公建中营造了接近民居的空间感。

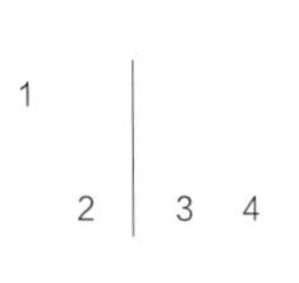

1. 沿湖透视
2. 主入口透视
3. 屋顶透视
4. 局部

设计单位　厦门大学建筑设计研究院
设计团队　罗林、柯帧楠　等

厦门大学漳州校区主楼群

项目地点　漳州市龙海区
竣工时间　2003年

厦门大学漳州校区主楼群，设计首先将陈嘉庚先生主张的象征“国性”的中国建筑式样置于纵轴中央，展示闽地中式“大厝顶”的平缓、舒展、飘逸。

建筑群在与环境空间的交叠中有一“纵深-横向展开”“视觉与动线一致”的“轴”：居中的图书馆引入空间中央，如闽之明堂、天井，并向后山前水敞开，与门、前广场空间一以贯之，呈一纵深轴；横向有一近400米长廊贯通整组建筑群，廊宽5米，有交通功效却又远超越交通需要。

建筑群尊重所依托的山脉的自然形态，像山一样匍匐于坚实的大地。形体上作为母题一再出现的山形“跌台”与群山对话，刻意令建筑成为南太武山脉的自然延伸。

1. 楼群鸟瞰
2. 广场透视
3. 侧面鸟瞰

设计单位　厦门大学建筑设计研究院
设计团队　罗林、王绍森、罗毅诚、郭露、万军　等

厦门大学漳州校区学生食堂

项目地点　漳州市龙海区
竣工时间　2005年

设计顺应地形地势坐北朝南，顺坡而下呈折线形布局，建筑采用南低北高、西南高东南低并顺应山势的建筑形态。

建筑东西体量地下和一层利用高差相连，且结合中间北部学生宿舍区主入口构建大台阶式不同标高的建筑入口，形成丰富的空间序列。建筑的折线型平面，高低起伏的体量，向两翼伸展的弧形坡顶，力求既与校园“嘉庚风格”相呼应，又体现富有动感的现代感特征。

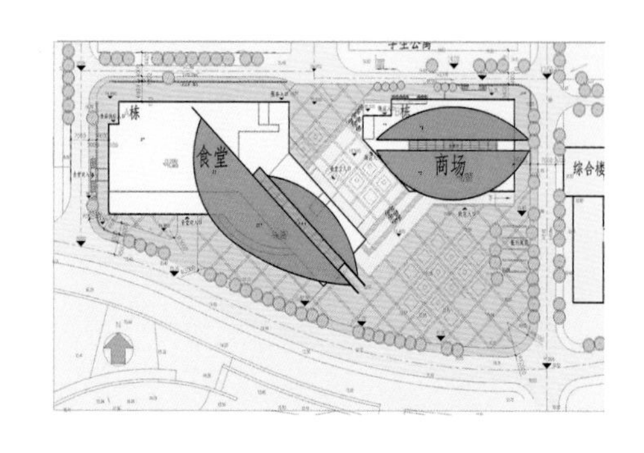

设计单位　厦门大学建筑与土木工程学院
　　　　　厦门大学建筑设计研究院
设计团队　邵红、凌世德、林育欣

1

2　3　　4

1. 整体透视
2. 总平面图
3. 远景透视
4. 湖畔透视

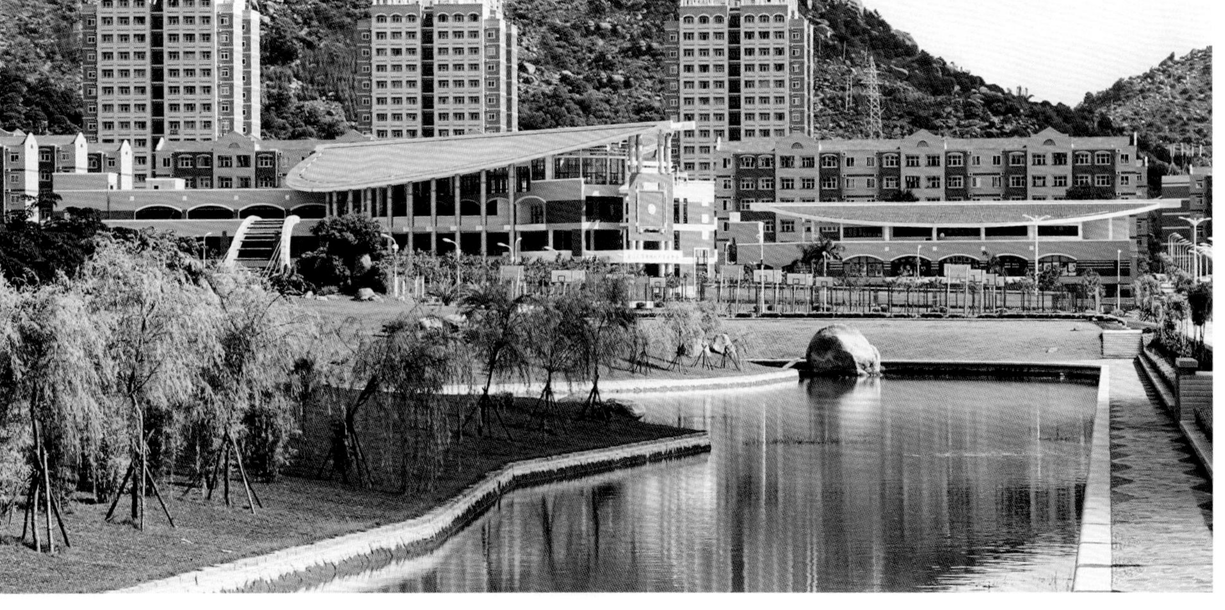

厦门南洋学院图书馆

项目地点　厦门市翔安文教区
设计时间　2006年

整体设计强调气候决定的空间形式——闽南夏日炎热多雨，造就了与之相适应的骑楼和内天井等空间。

通过设计百页、遮阳板、天窗、中庭来改造自然光，大大改造了单调的阅读环境。厦门气候炎热，夏季多雨，因此图书馆以底层架空、双层墙及方格网遮阳表皮处理来适应亚热带气候。图书馆的天窗、中庭、院落、遮阳设施等均以现代简约手法表达出中国传统中的飘逸、宁静、和谐、朴素的意向。立面设计以大面积实墙与大面积窗相对比，墙体的制作融入了中国的书法，将其解构在其中。

同时为了避免西晒，降低建筑的能耗，以统一模数为单元的窗墙呼应了校园建筑的统一手法，进而发展成为建筑的表皮系统，兼具遮阳和丰富立面的作用。

1	2
3	4　5

1. 东北角透视
2. 台阶与图书馆大楼一角
3. 东南角透视
4. 入口透视
5. 底层架空

设计单位 厦门大学建筑与土木工程学院
厦门大学建筑设计研究院
设计团队 王绍森、陈炜、万军

厦门大学漳州校区中心球场

项目地点　漳州市龙海区
竣工时间　2005年

设计单位　厦门大学建筑与土木工程学院
　　　　　厦门大学建筑设计研究院
设计团队　李立新、唐洪流

建筑整体造型采用现代的设计手法，突出传统文化与现代设计方法的结合。建筑的顶部采用波浪造型，呼应滨海特色。屋顶在四周挑出，形成遮阳与避雨空间，以适应当地的气候特征。建筑立面采用横向格栅造型，一方面增加了立面设计元素的丰富程度；另一方面也防止了太阳光的直射对球场带来的不利影响。建筑外立面以白色与红色为主，强化了闽南与嘉庚风格的特征。除了建筑主体以外，建筑还包含一个运动中心与一个游泳馆。建筑通过片墙与连廊串联，强化建筑的整体性。

1. 鸟瞰
2. 屋檐与廊道
3. 东侧立面

晋江戏剧中心

项目地点　泉州市晋江市世纪大道
竣工时间　2013年
设计单位　福建省建筑设计研究院有限公司
设计团队　黄乐颖、黄晓冬、张文裕

晋江戏剧中心是晋江市重要的公共建筑，它作为文化精神的代表和载体，其建筑形象具有地域性、独特性和超前性。将戏剧类建筑设计与闽南传统文化结合在一起，展现独特的新闽派建筑特色，成为晋江市一道亮丽的风景线。

建筑入口大台阶处设计六根柱的柱廊，与柱廊相呼应的是浮雕面墙，面墙记录晋江戏剧的发展历史。外墙肌理及色彩组合方式，充分表达了闽南地域传统文化的韵味。

1. 东北角透视　3. 外墙石雕细部
2. 高甲剧观众厅　4. 前厅

厦门大学西村教工住宅

项目地点　厦门市思明区
竣工时间　2012年

设计单位　厦门大学建筑与土木工程学院、厦门大学建筑设计研究院
设计团队　王绍森、李苏豫、万军、陈兰英、王琪、陈申、任耀辉、卓靖、陈文雄

项目总体布局利于居住环境所需的条件，充分尊重周边文脉，考虑景观均好共享，建筑与整体环境、地域气候相适应。

立面及造型设计将时代精神和地域特色相结合，结合闽南大厝坡屋顶，通过恰当的造型元素，构筑简洁大方的建筑形象。

建筑选择合理方位朝向，减小太阳辐射，注重通风遮阳。采用坡屋顶的形式，不仅是造型考虑，也是对气候环境的关照。为适应遮阳的需要，设置回廊与架空空间，同时运用对景、借景等小的细部处理手法，增加了局部空间效果。

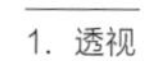

1. 透视
2. 远景

厦门大学海韵校区楼群

项目地点　厦门市思明区
竣工时间　2004年
设计单位　厦门大学建筑设计研究院
设计团队　凌世德、张燕来、董立军、肖祁林、薛瑞清　等

基地西高东低，高差10余米。设计吸取厦门大学“嘉庚风格”要素，形成既具有时代特色又与厦门大学传统建筑相关联的形态特质。建筑结合地形呈半围合式组群式布局，保留中西部较高山体形成园区主要自然景观。

建筑或高低错落、或退台展开，以与地形地貌相契合。建筑面向东部主入口结合山地构建阶梯式景观主轴，同时结合层层台地布置满足校园育人环境的修读场所，渲染良好的学习和研究环境。

1. 整体透视
2. 总平面图
3. 主入口透视
4. 教学楼鸟瞰
5. 校区内部环境

陈嘉庚纪念馆

项目地点　厦门市集美区
竣工时间　2007年

陈嘉庚纪念馆坐落在风光秀丽的厦门集美环东海域南端节点处。是目前海内外宣传嘉庚精神最全面最权威的大型纪念馆。纪念馆的主轴线与国家4A级景区陈嘉庚墓园——鳌园基本重合，并在陆地上连成整体，使纪念馆主轴线穿过一湾海水与集美纪念碑相呼应。通过主次轴线组织，形成了一个空间序列清晰、主次分明、功能分区明确、庄重而开朗的完整纪念园区和旅游胜地。建筑具有以下特点：

规划紧密，整体感强：从项目基地与原嘉庚公园之间寻找内在联系，合理组织轴线关系，使得空间有机串联，达到互为借景的效果。

定位准确，个性突出：采用传统建筑风韵与闽南地方建筑特点，借用嘉庚建筑风格造型，基于现有资料的细部再创作。

空间明确，重视功能：采用标准展馆围绕序厅对称布局形式，参观流线明确便捷；挖掘建筑潜在价值，如大台阶下面空间作研究室、租赁展廊等再利用。

因地制宜，利用地方材料：本地灰色级珍珠白花岗岩、地方青石浮雕等，以及斗底砖与花岗岩“出砖入石”工艺等。

1 | 2 3 4 5 6

1. 鸟瞰图
2. 柱廊
3. 细部节点
4. 屋顶形式
5. 总平面图
6. 入口空间

设计单位　中元（厦门）工程设计研究院有限公司
设计团队　洪峰、涂斌、袁启和、洪雅玲、詹重桂

厦门园博苑厦门园——嘉园

项目地点　厦门市集美区园博园
竣工时间　2007年

项目在规划布局上汲取闽南地区大唐“三间张”及闽南庭院的特点，以主辅展厅、门厅（茶厅）为主体，形成以水院为中心的半围合开放式合院布局。

主辅展厅及门厅（茶厅）间穿插若干围合、半围合小庭院，以灵活的步道穿行其间，“步移景异”，既增加空间层次，又丰富空间内涵，创造了“小中见大”的中国古典园林的空间意境。

1. 水景
2. 入口空间
3. 庭院

设计单位　厦门大学建筑与土木工程学院
　　　　　厦门大学建筑设计研究院
设计团队　李立新、唐洪流

福建古田党员干部教育基地

项目地点　龙岩市古田镇
竣工时间　2008年

建筑平面采用院落式布局，大小不等的院落形成丰富的空间变化，竖向上充分利用坡地地形，由南向北渐次抬高，结合造型上的坡顶、退台等手法，营造出一个与环境，统一协调，错落有致，有中国山水画韵味的建筑意象。

动静分明、流线清晰、功能分区明确敞蔽结合的空间形态构成空间层次丰富与空间景观良好的建筑群。

注重地域性与时代特征的有机组合，形态构成力求有客家山寨朴素简洁、坡顶平缓、出檐深长的错落有致的韵味，同时运用现代材料和设计处理手法，力求体现出时代特征。

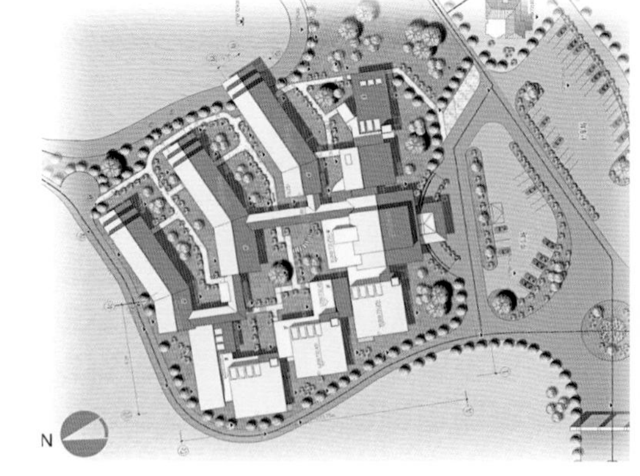

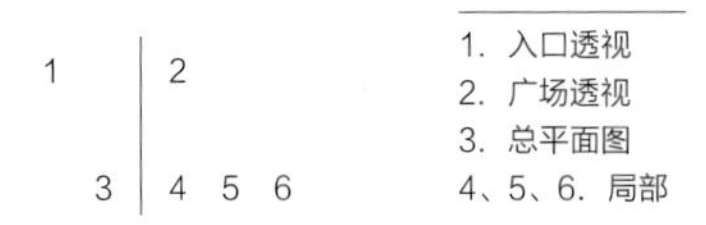

1. 入口透视
2. 广场透视
3. 总平面图
4、5、6. 局部

设计单位　厦门大学建筑与土木工程学院
　　　　　厦门大学建筑设计研究院
设计团队　凌世德、邵红、陈兰英、张建霖

福州屏山镇海楼

项目地点 福州市鼓楼区
竣工时间 2008年

设计单位　福州市规划设计研究院集团有限公司
设计团队　严龙华、罗景烈、张鹏军、何明、刘明　等

屏山镇海楼是福州古城“三山两塔一楼一轴”独特格局的重要组成，是古城的制高点与特征标志物。其始建于明代洪武四年（1371年），其后600余年间历经十多次建与毁。

镇海楼重建设计既关注其作为古城格局的标志物属性，又强调结合当今变化之环境，重塑其神圣的场所感。设计中将基座抬高10米，以强化楼与山体的有机整体性，同时通过由山下屏山公园至山巅观楼、登楼之体验路径的精心组织与渲染，进一步增强镇海楼所承载的城市历史记忆及其于大众心理的意涵。镇海楼重建工程既是对城市历史记忆的弥补，更重要的是恢复了福州城市历史中轴线的基本格局的完整性。

1 | 2
3 4 5

1. 镇海楼与七星罡
2. 镇海楼飞檐一角
3. 西南主入口
4. 二层接待厅
5. 六抹隔扇门

中国莆田工艺美术城

项目地点　莆田市荔城区黄石镇
竣工时间　2008年

本设计建筑风格融合并传承莆田民居建筑文化的精髓，发扬红砖文化区特有的飞檐叠檐，漏花屋脊，红砖红瓦的华美风格，以双曲面起翘的红瓦坡顶及其漏花屋脊层层叠落组合成独特的屋顶造型，以镶嵌各类石雕的花岗岩墙面形成沉稳大气的建筑基座，与饰有莆田民居特有装饰图案的红砖墙面相呼应，以高饱和度色彩的精雕细刻作点缀，共同组成一组色彩鲜艳华贵，形体错落有致的莆田民居风格建筑群。

细节处理亦从莆田民居提炼元素，建筑立面增加一小坡顶挑檐，丰富造型层次。主入口层层叠落的屋檐与主入口外凸的实墙，以及三层斜插的白色片墙共同营造出气派的主立面形象。建筑转角处以圆形做弱化处理，形成自然过渡空间。花瓶柱饰栏杆是莆田常用的地方饰材。细部装饰上，除墙面上采用各种装饰图案外，窗线条亦参考当地的装饰图案点缀，装饰性斗栱运用于三层屋檐下，丰富了造型语汇。回廊尺度适中，环绕建筑一周，营造出宜人氛围。

设计单位　福建省建筑轻纺设计院有限公司
设计团队　邓安妮、张挺、王洪胜、张小玲、洪昭铭、刘灵琳

1. 街区入口广场
2、3、4. 内部街景
5. 总平面图

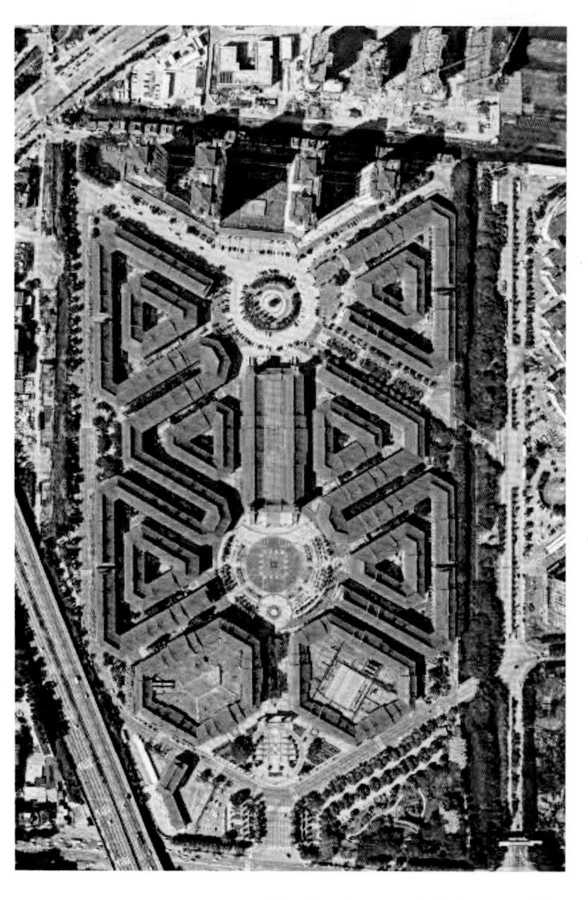

厦门国际物流中心

项目地点　厦门市湖里区
竣工时间　2009年

设计借鉴闽南传统建筑的特色，将拥有缓和曲面的大屋顶以及屋顶间的重叠作为建筑的基本构成要素。

在建筑之间设置内庭院、回廊和骑楼，既丰富了建筑造型和空间，又符合厦门独特的气候地理条件，向建筑内引入舒适的自然环境。同时大量采用闽南原产红砖和石材作为立面材料，赋予建筑浓郁的地域特色和稳重的形象特征。

1
2 | 3 4

1. 主入口透视
2. 局部透视
3. 庭院透视
4. 闽南大厝屋顶表达

方案设计单位　日宏设计
施工图设计单位　厦门合立道工程设计集团股份有限公司
设计人员　清水里司、金波、潘梓青、魏伟、刘雨寒、王文琪、罗军、杜勇、陈建胜、李益勤、林承过

厦门闽台古玩城

项目地点　厦门市湖里区
竣工时间　2011年

设计单位　厦门大学建筑与土木工程学院
　　　　　厦门大学建筑设计研究院
　　　　　厦门泰达建筑设计咨询有限公司
设计团队　王绍森、刘玉玲、赖竞

1. 建筑立面色彩与形式
2. 建筑立面局部透视
3. 海峡古玩城主入口
4. 建筑立面表达
5. 博古架与出砖入石

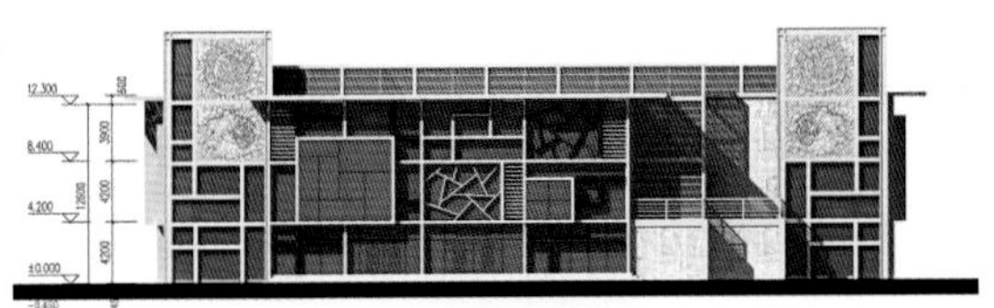

古玩馆3号东立面

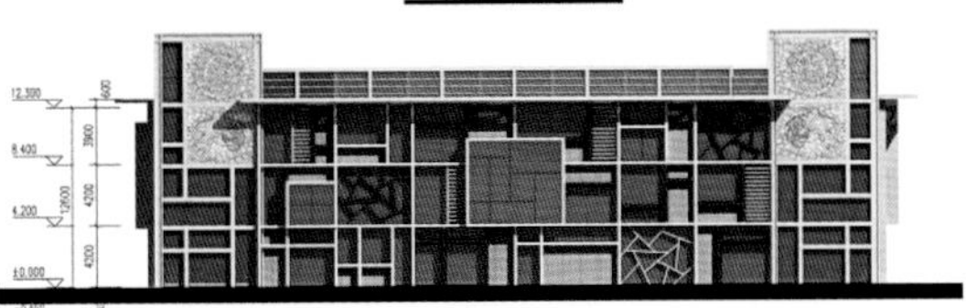

古玩馆3号西立面

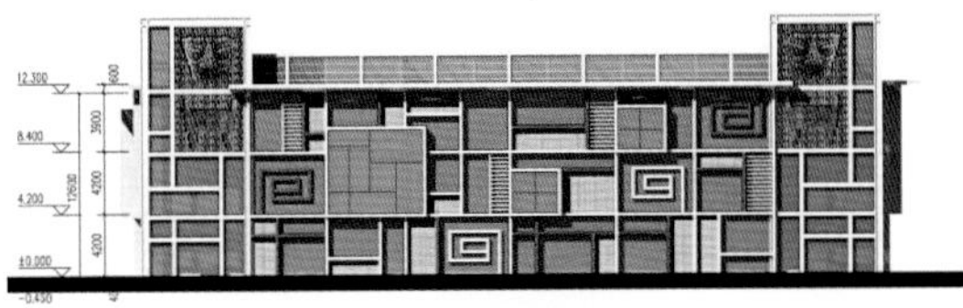

古玩馆4号东立面

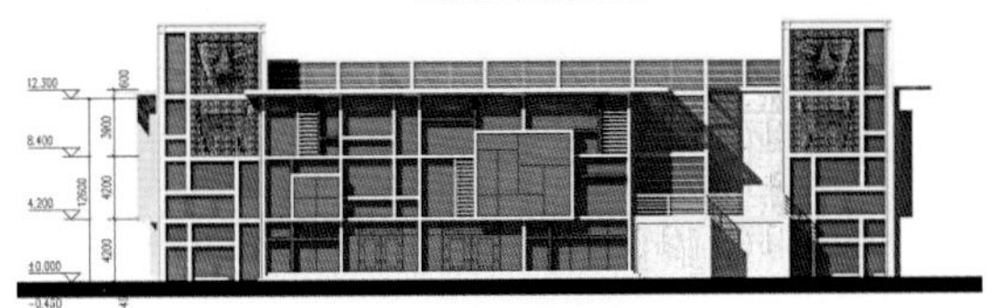

古玩馆4号西立面

作为一个古玩市场，建筑强调时代性与文化性的有机结合。

设计抽象闽南出砖入石形式意象和中国古玩珍品的博古架造型，融入到建筑的构思之中，在此建筑的器与博古文架、闽南出砖入石形成意、器的统一结合。

古玩馆基本立面造型通过线条尺度的推敲以及色彩对比的把握，形成了风格统一，历史韵味十足又不失时代气息的造型格调。其中古玩城中，不同主题馆中分别加以抽象，古瓷、古玉以及青铜文化、书画等多项古玩元素应用于建筑立面之中。最终形成了历史内涵丰富、视觉元素现代的建筑整体造型特色。

在具体的建筑设计中，提取闽南地域材料、色彩和符号等元素，表达传统古玩文化内涵。以艺术手法处理地域性的构成现代美学意象，与古玩形成有意味的关联。

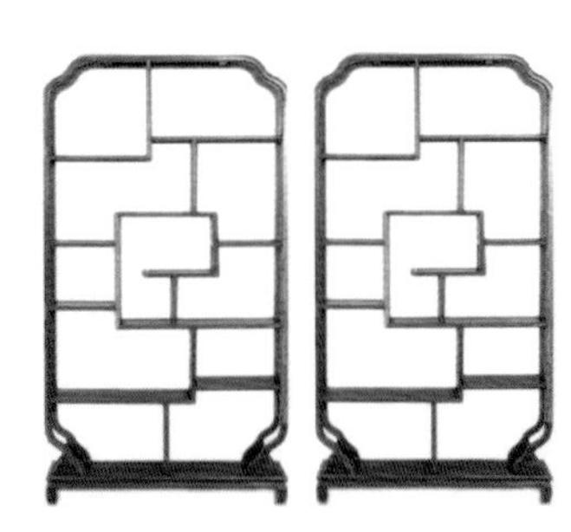

桥上书屋

项目地点 漳州市平和县下石村
竣工时间 2009年

桥上书屋的设计从选址到其着眼点皆超越了小学教室的功能本身，而关注到整个村落的整体空间问题，以桥的形式沟通河两岸的两座土楼。

整个建筑采取钢桁架结构，教室外侧设置走道，在教室和表皮之间增加一道视觉通廊。外表面采用10×15@20的木条格栅，用钢龙骨固定。如薄纱一般的表皮处理使室内的视线与行人之间不发生干扰；同时远处溪水的风景又可以畅通无阻的进入到室内。下部用钢丝悬吊过河的公共桥梁，桥梁为“Z”字折线形，避开对两个端头广场的空间冲突，刻意避开了正对广场的方向。

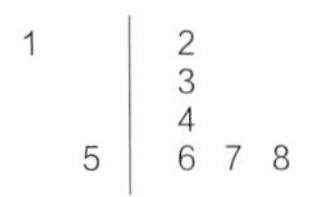

1. 主入口透视
2. 环境鸟瞰
3. 阶梯教室
4. 阶梯教室课堂
5. 远观桥上书屋
6. 教室外侧走道
7. 书屋下方公共桥梁
8. 木质转门

设计单位　清华大学建筑学院李晓东工作室
厦门合立道工程设计集团股份有限公司
设计团队　李晓东、陈建生、蔡培明、陈德平、
李烨、王川、梁琼、刘梦佳

厦门白鹭洲公园——筼筜书院

项目地点　厦门市思明区白鹭洲公园
竣工时间　2010年

筼筜书院是厦门第一座现代书院，致力于中国传统文化的传承与发展。书院位于院区中部核心区，坐西朝东，背靠环形山坡，面向开阔筼筜湖面，带有经典的中国书院格局和闽南传统民居建筑风格，由讲堂、学堂、展廊三个部分组成。书院结合传统闽南的特有建筑材质和现代新型建材，延续和表达闽南传统建筑形式，如燕尾脊、山墙等，既传达强烈的时代气息，又散发浓浓的闽南地方韵味，体现“清、静、素、雅”的书院艺术氛围而又不失现代感。

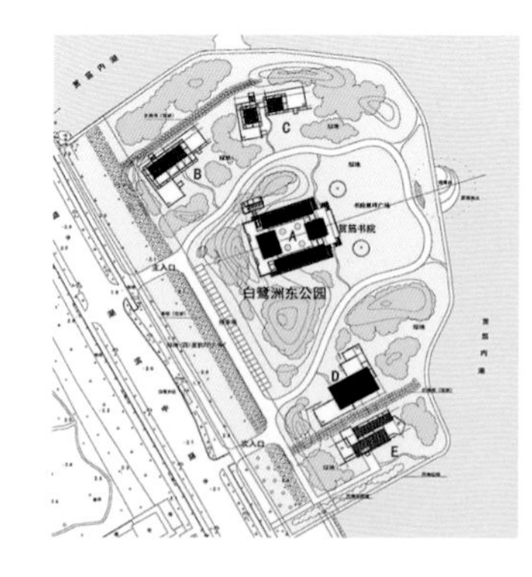

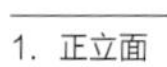
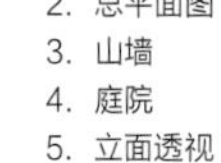

1. 正立面
2. 总平面图
3. 山墙
4. 庭院
5. 立面透视

设计单位　厦门大学建筑与土木工程学院
　　　　　厦门大学建筑设计研究院
设计团队　李立新、唐洪流

宁德火车站

项目地点 宁德市金马北路
竣工时间 2009年

建筑采用廊桥的造型语言，使其具有浓郁的闽南文化色彩和现代风貌。

站房采用对称处理，45度斜角的应用，使建筑产生内在的联系，让各部分之间呼应协调。中部门楼在平面和高度上突出，使入口十分醒目。入口巨大的门洞采用斜撑构图，与廊桥斜撑有异曲同工之妙。在入口内插入波形钢结构大雨篷，使空间丰富协调，并在尺度上产生过渡。顶部屋顶的斜坡处理隐含当地燕尾屋脊的意境。

主体建筑完整的大屋面按45度向两边斜挑，下部的条窗内收，立柱外露，以寻找廊桥屋顶的神韵。建筑下部的骑楼，具有浓郁地域特征。

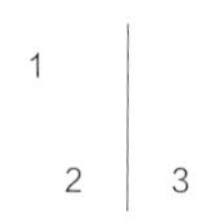

1. 形体嵌套表达
2. 主入口夜景
3. 底层骑楼空间

设计单位　中南建筑设计研究院股份有限公司
设计团队　熊捷频、尹博维、吴为、杜金娣、倪冰、严阵

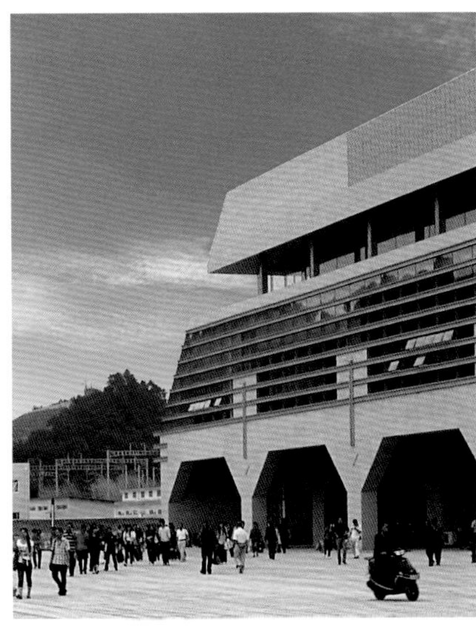

福厦铁路晋江站

项目地点　泉州市晋江市站前路
竣工时间　2010年

晋江站属于中型站房，布局对称方正。建筑主体由四片屋盖网架结构组成，形态类似闽南传统建筑中双重燕尾脊坡屋顶。建筑主体为红色陶板，基座部分为白色花岗石，抽象和提炼出当地传统建筑“红墙白础”的设计意向。设计融合当地文化元素及地域特征，对传统建筑的建构方式进行简化和演绎，具有浓郁的地方特色而又不失现代感，体现出传统与现代、生态与文化相结合的设计理念和文化内涵。

1. 主入口立面
2、4. 屋顶细节
3. “红墙白础”现代演绎

设计单位　中国建筑设计研究院有限公司
设计团队　王群、李靖、叶妙铭

龙岩博物馆

项目地点　龙岩市新罗区
竣工时间　2010年

闽西是客家人的主要祖地和聚居地之一，中国历史文化名城汀州城，被誉为“客家首府”，汀江河被称作“客家母亲河”；龙岩市区的新罗区则归属于河洛文化，亦称福佬文化，是介于闽南文化和客家文化之间的边缘文化。新建的龙岩博物馆便是基于上述最新的民系研究成果，定下了以体现客家文化为主，兼顾福佬文化和闽西革命传统的建馆方针。

建筑风格力求庄重、简洁、古朴、大方，突出雕塑感，体现闽西地域建筑的特色。在满足功能要求的前提下，取闽西最有特色的园楼造型的立意，将土楼的建筑形式与博物馆功能完美结合。合理地安排流线，营造富有个性的博物馆内部空间，让人置身于动人的艺术环境之中，塑造新时代的公共空间人文环境。

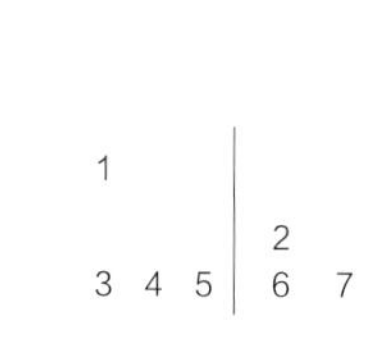

1. 博物馆正面全景
2. 一层平面图
3. 中庭回廊
4. 门厅局部
5. 外墙石雕细部
6. 中庭
7. 门厅

设计单位　福建省建筑设计研究院有限公司
设计团队　黄乐颖、黄汉民、黄晓冬、林忠

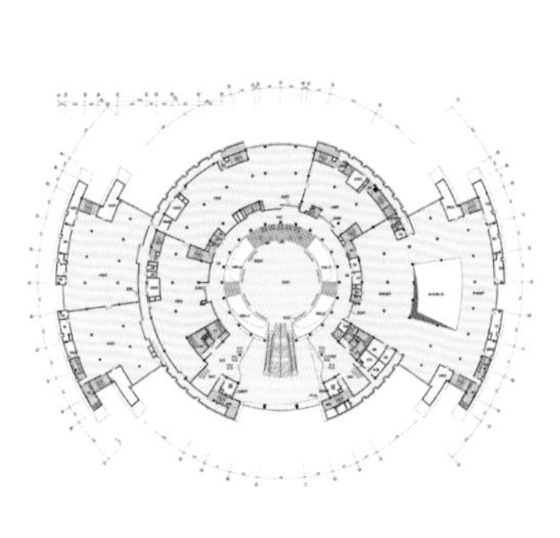

莆田天妃宾馆

项目地点　莆田市南门路
竣工时间　2001年

设计单位　厦门大学建筑与土木工程学院
　　　　　厦门仁德振华建筑设计事务所
设计团队　黄仁、黄斐澜、王仁生　等

天妃宾馆设计重点反映妈祖文化的神话色彩与地方乡土风情的内涵。

整体设计造型略带简洁的入口雨篷，金属翘脊，双坡大出檐及檐下的廊道，在现代构成中隐喻地表达神话主题。以质朴自然、素雅简洁取胜，不以浓墨重彩来铺叙，在自然质朴中隐含传统的色彩，沟通了现代与传统文化的联系，造成一种微妙的亲近感，更接近福建地区民族文化的精神风范。

1. 从宾馆主入口东侧水面看建筑
2. 建筑主入口

华彩山庄

项目地点　南平市武夷山仙馆路
竣工时间　1999年

设计单位　福建省教育建筑设计院
　　　　　天津大学建筑学院
设计团队　陈嘉骧、周春雨、方鸿、尹培如、林武

华彩山庄位于武夷山脚下，建筑平面布局上尊重山地地形，通过不同的标高确定主体之间的关系，形成了沿坡地向上升的三段直线。在顺应地形的同时，把大体量化整为零，呼应景观、整体布局。

底部用深色石材表现出建筑的厚重感，仿佛从山中生长出来。层层后退升起的墙身颜色渐浅，材质也更加纤细。顶部弧形的金属构架取源于武夷山峰的起伏变化，连接节点则象征了武夷山民居的山墙。

1
2 3
4 5

1. 建筑与山体　4. 主立面局部
2、3. 建筑细部　5. 顶部构架

厦门金砖峰会主会场改扩建

项目地点　厦门思明区
竣工时间　2010年

依托原有建筑风格，加建入口迎宾长廊，以“丹冠飞羽”为理念，取厦门市树凤凰木的花与叶为原创点。“花如丹凤之冠，叶如飞凰之羽”。同时扣合闽南“五行山墙之金形山墙”为原创形态，喻义金砖五国峰会美好前景。

整体设计以弘扬“一带一路”为宗旨，用一刚一柔，方圆交替的白色石柱成迎宾之势，打破单调，强化节奏，赋予韵律。以灰色雕花柱础托起白色洞石柱，柱头上托紫铜梁，如“架海紫金梁”般排列成宏大之气势。地面铺以呈现海韵之感的石材，烘托“海丝之路”的文化意境。

1. 迎宾长廊鸟瞰
2. 庭院一角
3. 门厅透视
4. 迎宾长廊细部
5. 迎宾长廊透视
6. 金砖峰会主会场整体鸟瞰

设计单位　厦门佰地建筑设计有限公司
设计团队　黄迎松、李达颖、陈建峰、黄佳妮　等

福州鲤鱼洲国宾馆综合楼、游泳网球馆

项目地点　福州市闽侯县
竣工时间　2010年

鲤鱼洲国宾馆已有建筑为具有福建地域特色的新中式风格，新建游泳网球馆通过高低叠落的型体组合、舒缓伸展的坡屋顶，突出建筑的水平感。建筑外墙采用传统建筑构件的现代化表达，既与周边整体环境取得和谐，又形成自身简约、舒展的新中式风格。

平面采用院落式组合方式，构成几个尺度宜人、空间渗透的园林景观，建筑的借景和造景相结合，形成了外有江景、湖景可观，内有庭院景观可赏的园林环境氛围。室内装修设计从整体大环境和建筑风格入手，吸收福建地域中式传统建筑元素，融合现代建筑理念与施工工艺，塑造朴实、明快、精致、舒适具有一定的地方气息的装修风格，形成简约大气、明快、典雅的现代中式空间。

1 | 2　3

1. 主立面透视
2. 入口门廊
3. 门厅

设计单位　厦门合道工程设计集团有限公司
设计团队　林卫宁、孙娟、曾招彬、苏龙齐

莆田市射击馆

项目地点　莆田市
竣工时间　2010年

项目坐落于九华山脉脚下，繁茂的荔枝林掩映其周。射击馆体量庞大，为改善室内环境，各类型赛馆之间以“冷巷”过渡衔接，运动员休憩时可在此远眺九华山美景，赛时则可兼做校枪道。射击馆南侧结合天然水景，退让出尺度宜人的门廊和院落，穿插其里的“莆田红”汲取了来自“红砖古厝”的灵感，也昭示着运动员奋勇争先的进取精神，体现集比赛、训练、文化于一体的体育公园的设计理念。

莆田市射击馆落成后，成功举办了多项国家级射击赛事，并作为2019年国际射联射击世界杯总决赛主赛馆。

设计单位　福建省建筑设计研究院有限公司
设计团队　任希、陈晨、林婷

1. 主立面
2. 射击馆室内
3. 射击馆观众席
4. 门廊透视
5. 建筑细节
6. 主立面透视
7. 景观

福州安泰河历史地段保护与更新

项目地点　福州市三坊七巷历史文化街区
竣工时间　2011年

安泰河历史地段的改造更新总体思路既延续传统河街特色，在保持历史感同时又要有时代信息。地段整体以古城整体空间景观的修复为出发点，通过片区风貌修复，北面连接三坊七巷，南接澳门路西地块，重塑三坊七巷与南侧乌山历史风貌区的历史关联性。街区结构以三坊七巷街区传统小尺度肌理为依据，通过街区功能置换，沿河公共空间梳理、绿化景观带设计，对于城市肌理进行织补与留白；建筑提取传统建筑形态要素，分析门窗形式、栏杆造型，山墙等建筑元素并进行运用，通过组合协调形成连续的沿街立面、丰富的街巷空间感受，变化的天际线，保留历史风貌的同时塑造当代地域特色。

1	2
	3
4 5 6	7 8 9

1、2、4、7、8. 安泰河沿岸街景
3. 总平面图
5. 沿河廊道
6. 澳门路街景
9. 光禄坊街景

设计单位　福州市规划设计研究院
设计团队　严龙华、薛泰琳、陈白雍、阙平、陈汝琬、
李凌枫、傅玉麟、谢智雄、张健轶、张曦

武夷山游客中心

项目地点　南平市武夷山市武夷街道
竣工时间　2014年

设计取意武夷地区“峰峦叠嶂，高山流水”之意境，暗合武夷山景区“一溪贯群山，两岩列仙岫”的独特美景。以“山、水、人”为主题，建筑主体以群山为造型，水波纹为装饰，彰显武夷山“九曲绕群山”“曲曲山回转，峰峰水抱流”的九曲之胜。建筑主体提取“高山流水”的元素，与周围群山融为一体，形成了连绵起伏的景区天际线。同时采用新型GRC板材，结合当地施工，石雕工艺，最大程度地展示武夷山的特色。

1	2
3 4	5 6

1. 入口广场全景
2、6. 售票厅
3. 水波纹装饰
4. 走廊
5. 检票厅

设计单位　福建省建筑设计研究院有限公司
设计团队　黄汉民、刘成聪、林晓嵩、林鑫

江南水都中学

项目地点　福州市仓山区上渡街道燎原路
竣工时间　2011年

闽地为夏热冬暖气候，建筑布局注重自然通风，下沉庭院的设计解决了半地下室的采光通风又提供小剧场的梯台空间，低造价的横、竖遮阳片及穿孔板遮阳，既丰富了建筑造型，又彰显新时代校园的绿色生态理念，实现了对地域地理气候的适应性设计。

项目位于尤溪洲大桥引桥一侧，建筑以充满活力的姿态呈现，给予城市积极的影响力，同时利用退让、围合、下沉的手法解决噪声问题。设计利用建筑“之间”的空间，构筑了架空水院、师生小剧场、光影墙、文字廊，同时以斜屋面花园，延伸绿地空间，构成一个个生机勃勃的立体交往空间。

设计单位　福建省建筑设计研究院有限公司
设计团队　任希、梁章璇、翁亮、魏昌斌

1	2
3 4 5	6 7

1. 主入口透视
2. 一层平面图
3. 校园主入口
4. 下沉广场
5. 教学区中央大厅
6. 体育馆西侧景墙
7. 斜屋顶花园

厦门大学幼儿园改扩建

项目地点 厦门市思明区
竣工时间 2014年

设计单位 厦门大学建筑与土木工程学院
厦门大学建筑设计研究院
设计团队 李立新、唐洪流、张乐敏

厦门大学幼儿园始建于20世纪90年代初，因环岛干道隧道的修建致使幼儿园部分结构损坏，局部变成危房，本项目在保留局部结构较好的建筑的基础上，拟对幼儿园进行改扩建。本项目为15班幼儿园，项目充分利用场地高差变化，提供了丰富室内外幼儿活动场地。

建筑空间布局合理，流线简洁、清晰，很好地满足了幼儿的活动需求，让幼儿可充分沐浴阳光并享受美丽海景。推窗可看海景，在岛内幼儿园中确实"独树一帜"，成为该地段的一道独特风景。

建筑延续厦门大学嘉庚建筑风格，叠檐错落有致、大厝屋顶覆盖，与校园环境融为一体，和谐共生。

1
2 3

1. 鸟瞰图
2. 庭院环境
3. 建筑远观

厦门集美滨水学校

项目地点　厦门市集美区杏林湾
竣工时间　2011年

设计单位　中元（厦门）工程设计研究院有限公司
设计团队　蔡福锦、陈子平、洪雅玲、林文山

在建筑风格上，本校区位处闽南地域，闽南建筑的砖、石运用，屋、廊、沿、柱的特征，提供了诸多建筑语汇和形制范式：南方多雨，注重风雨廊的运用；亚热带地区的多阳，采用了灰空间的遮阳方式；围合、半围合的民居布列形式，运用组群围合。传承闽南传统嘉庚建筑风格，结合现代元素，使校园建筑有序展开，内区景象幽深，刚柔并济，怡然娴静。

线条精炼，建筑色彩具有滨海特色，给人亲切怡人的感觉。主楼富有运动感，呼应五缘湾水的流动性，蕴含生命不息的哲理。在建筑机理上对闽南传统建筑进行转译，体现闽南建筑特征，很好地实现传统与现代的并存、统一。

1. 建筑外景
2. 沿街远景
3. 建筑立面

福厦铁路客运专线厦门北站

项目地点　厦门市集美区
竣工时间　2011年

总体造型构思巧妙、独具特色。新颖、流畅的形体，加以轻盈、富有张力的钢结构，巧妙体现了闽南民居“燕尾脊”意象。整体形象充分代表厦门的城市精神与面貌，充满时代特征，彰显地域特色。

建筑形态塑造在体现地域文化特色的同时也充分体现了结构受力的真实性及合理性。新建厦门北站采用巨型空间桁架支撑网架结构体系，创造出体现结构力学之美的轻盈屋盖，仿似腾飞双翼。屋盖主跨132米，为目前国内已建成的铁路车站屋盖跨度之最。

厦门北站平面采取高架候车的形式，采用旅客流线“上进下出”的设计构思，将车站功能空间划分为高架候车层、站台层、广场层三个层面。设计吸收机场的旅客进出模式，弱化等候空间。充分利用站场地下的空间并以此作为出站和连接南北两个广场的节点，与城市交通紧密结合、无缝衔接，使旅客换乘明确方便。大跨度无柱空间清晰可读，视线通透且有强烈的视觉的导向性。旅客在站内可以明确了解车站布局掌握自己的行进方向。

设计单位　中南建筑设计院股份有限公司
设计团队　唐文胜、李霆、万之瑛、许敏、万倩　等

1
2　3

1. 主入口透视
2. 西南侧鸟瞰图
3. 车站侧面透视图

厦深铁路客运专线漳州南站

项目地点　漳州市龙海区
竣工时间　2012年

建筑形态体现闽南民居特点，又与现代钢结构受力原理高度统一，漳州是闽南文化的代表性区域。漳州南站建筑形态灵活借用闽南传统的燕尾脊、深挑檐及骑楼等建筑形式，采用地方特产的石材，着力体现浓郁的闽南地域特色。

在细节及装饰上各有所侧重，运用现代的建筑手法对闽南民居进行提炼升华。主受力桁架采用独特的木夹梁（钢木叠合）的结构形式，既能优化受力，与结构受力特性高度统一，也能体现地域特色，使室内空间更加人性化。建筑师对大厅及站台雨棚结构体系布置提出了精细的要求，使得结构构件简洁美观，能够真实暴露，无需吊顶，节约大量国家投资，在铁路站房设计中创造一个低造价的实例，并且创造了独特的室内空间效果。

设计单位　中南建筑设计院股份有限公司
设计团队　唐文胜、刘畅、曾宪鹏

1. 主入口透视
2. 主入口局部
3. 局部透视图
4. 建筑远景
5、6. 局部透视图

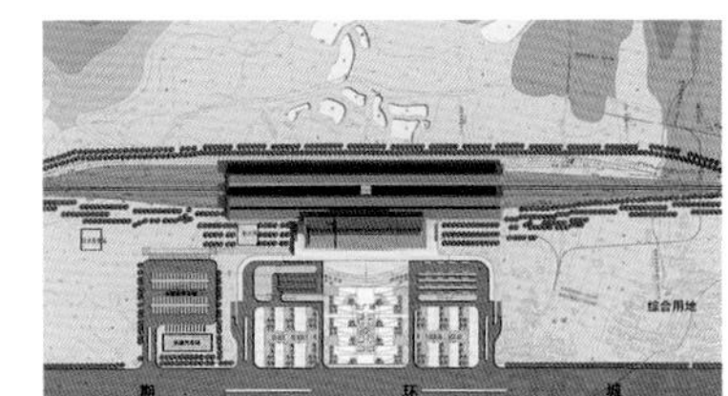

厦门阿罗海城市广场

项目地点 厦门市海沧区内湖湾区
竣工时间 2012年

项目位于厦门市海沧区内湖湾区。设计结合地域性建筑风格及气候特点运用大量新型外部装饰材料，将建筑内部环境及空间营造与外部材料运用及遮阳设计有机地结合。既体现出商业建筑的多变，也在一定程度上减低建筑能耗。

设计以热带度假风情为理念，中庭布置充满度假氛围。街道上有一连串的袖珍广场，可安排不同的活动。遮荫设施提高了开放式街道的步行舒适度，也减轻了亚热带气候的炎热。沿湖岸线的区域用来设计成室内及室外餐饮区，将中心和公共步道连接在一起。项目强调内部商业空间与外部内湖景观的互动，将环境、市民休闲、商业流线、开放式街区等紧密结合，打造成别具特色的商业中心区。

1 | 2 3 | 4 5

1. 鸟瞰
2. 景观
3. 内部街景
4. 内部景观
5. 沿街立面

设计单位　厦门合立道工程设计集团股份有限公司
　　　　　美国那郭达·刘联合建筑师事务所
设计团队　钟经会、张波、黄秋停、陈曦、王辉明　等

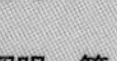

厦门大学翔安校区学生活动中心

项目地点　厦门市翔安区
竣工时间　2012年

本案继承“嘉庚建筑”的风格，又有所超越。在色彩上，多以灰白（泉州白石材色）和红色（闽南砖红色）为主，采取色彩冷构图方法应用到建筑外表皮中，这也符合翔安校区的整体环境；形体的原型则源于传统，经过形态异化并符合厦门大学校园建筑审美形调，同时融入现代建筑的设计手法，在建筑中融入活跃的元素，让学生活动中心成为校园建筑中的活跃因素。学生活动中心造型的设计关注艺术的均衡性，既照顾新时代下的学生审美情趣又试图摆脱以建筑形象为中心的设计。

设计单位　厦门大学建筑与土木工程学院
　　　　　厦门大学建筑设计研究院
设计团队　王绍森、李苏豫、廖世洁、高光明、万军、
　　　　　王琪、陈申、陈文雄、潘是伟

同时，设计在研究环境行为学的基础上，充分利用室外环境，适应学生丰富多彩的生活，将场域、基地、行为、空间质量作为前提来考虑，使整个学生活动中心“既有厦大特色，又有新意”。

1. 正面鸟瞰
2. 侧面鸟瞰
3. 总平面
4. 外部透视
5. 建筑造型
6. 建筑立面
7. 建筑局部

龙岩美食城

项目地点　龙岩市新区莲南路
竣工时间　2014年

项目地处福建龙岩市新区，西侧与北侧被石鼓公园及湿地公园所环绕，并与商务运营中心隔河相望，是集美食餐饮、旅游集散、文化休闲于一体的综合性场所。

龙岩美食城作为隐含着地方饮食文化的建筑群，设计更多地体现出龙岩建筑的精神内涵。而龙岩的传统土楼空间所传达的"大家庭，小社会和谐相处"，恰恰是这一精神内涵的生动写照。因此，本案在设计中，试图以土楼特有的围合空间形式，来表达美食城建筑群共有的精神气质，以各种形态、各种尺度的意象性的土楼形象，来形成一部具有地方特征的土楼交响。

1
2　3 | 4　5

1. 鸟瞰
2. 中庭透视
3. 主入口透视
4. 表皮细部
5. 局部

设计单位　杭州中联筑境建筑设计有限公司
设计团队　程泰宁、王幼芬、黄斌毅、严彦舟、沙锋　等

世界客属文化交流中心

项目地点　三明市宁化县
竣工时间　2012年

建筑秉承“天地八方、灵气之汇，四水归堂、百家相聚，客属文化、根深情重，玉带环绕、源远流长”的设计理念，包容了“汇、聚、根、源”的客家文化内涵，运用新材料、新技术，将典型的客家文化元素巧妙融入其中，集传统与现代、观赏与实用为一体。

布局以“汇聚”为设计意念，建筑充分融合于优美的山水环境，集八方灵气，汇聚到建筑之中。方形围合体，蕴含传统客家聚落形态的意象，强调场所的向心性、汇聚力；集中到中间的方形为建筑形象的高潮，犹如汇集八方灵气的珍宝盒，筑于高台之上，坐镇四方。

设计单位　华南理工大学建筑设计研究院（方案及初步设计）
　　　　　福建东南设计集团有限公司（施工图设计）
设计团队　何镜堂、王扬、陆超、王荣献、杨建利、
　　　　　余良锋　等

1. 入口广场
2. 鸟瞰
3. 大厅
4. 整体透视

宁化海西客家始祖园祭祀主轴

项目地点　三明市宁化县石壁村
竣工时间　2012年

总体规划因山就势，北靠群山，南面开阔，由南向北逐级升高，烘托纪念性空间氛围。主轴始于国道，向北延伸至石壁客家公祠，全长近700米。祭祠主轴由入口前广场、集散广场、山门、寻根道、金水桥、祭祠广场、祭祠大殿、祖祠前广场和客家祖祠组成。

整组轴线将祭祠典礼与文化展示相融合，体现纪念性和文化性。借鉴客家建筑风格，体现地域特色。

在主轴上蜿蜒的水道与轴线交汇于入口集散广场，汇聚处设计月池，取意于客家祖祠前常有的半月形水塘。祭祠广场的入口以客家门楼形式设计。建筑采用坡屋面，主殿的屋面采用客家的九脊顶。在建筑屋脊、柱式、花窗等细节也采用客家建筑符号。祭祠主轴的建筑及景观就地取材，以青灰色系为主，在墙面的砖砌纹理、广场铺装方式也汲取传统做法，与周边自然环境融合。

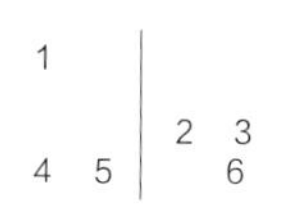

1. 祭祀主轴
2. 图腾柱
3. 金水桥、入口山门
4. 山门及月池
5. 集散广场
6. 碑亭

设计单位　厦门中福元建筑设计研究院
设计团队　黄汉民、陈毅强、刘永乐、潘剑平

厦门福泽园（厦门天马山殡仪馆）

项目地点　厦门市集美区福泽路
竣工时间　2012年

建筑布局因地制宜、因山就势，功能区域划分主次分明。建筑立面设计沿用闽南传统建筑的造型加以提炼，细部处理融入部分汉唐建筑的宫阙形式，寄托了生者祝愿故人梦归华夏盛世故土的美好愿望。

建筑采用当地的暖灰色石材作为建筑外墙材料，托举着蓝灰色波形瓦屋面的上部构架。在总体环境设计上，结合山地景观将建筑楼群掩映在郁郁葱葱的花海树丛中，打造了一片园林式的、别具特色的新闽南风格的殡仪祭奠建筑。

1. 鸟瞰图
2. 主入口透视图
3. 建筑透视

设计单位　北京中合现代工程设计有限公司
设计团队　吕韶东、张福镃、吴晓庚、沙正春

厦门市万科湖心岛

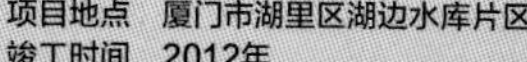

项目地点　厦门市湖里区湖边水库片区
竣工时间　2012年

项目位于厦门市思明区与湖里区交界的湖边水库片区的中心地段——湖心岛，三面临水。

总体规划采用街坊式规划结构，选用院落式围合空间，多层、小高层、高层、超高层多种产品相结合，打造厦门中心地段的“类鼓浪屿”高端社区，提升厦门的社区形象，塑造具有想象空间及浓郁人文气息的精神家园。

立面设计运用新古典的建筑流派的剪裁手法，摈弃繁琐的装饰纹理，运用天然石材和质感涂料为主要外墙材料，典雅而不失风尚，融合了美国公园豪宅的建筑风格，成就住区经典。

户型设计吸取酒店总统套房的设计理念，以起居室为核心，客厅与主卧争取大面宽和良好的日照与观景朝向。户内空间及流线设计强调回游流线设计，流线设计通过空间的缩放设计，增强了流线的秩序感，创造豪宅品质的空间感受。

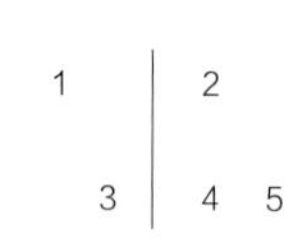

1. 整体鸟瞰
2. 建筑鸟瞰
3. 庭院鸟瞰
4. 局部透视
5. 建筑透视

设计单位　厦门佰地建筑设计有限公司
合作单位　Robert A.M. Stem Architects
设计团队　黄迎松、李垂举、曾建城、罗志勇、林晓云　等
合作人员　Paul L. Whalen

厦门万特福·水晶湖郡

项目地点　厦门市集美区杏林湾片区滨水东岸
竣工时间　2012年

项目地处厦门集美，在设计中，充分考虑集美建筑风貌，延续“嘉庚建筑风格”。

在高层的设计中，以现代手法重新演绎传统嘉庚风格，造就嘉庚建筑的新风貌，又因本项目地处湖滨，故采用错错落落的轮廓线，使整体建筑具有滨水的生活气息。一方面强调嘉庚建筑风格对外部景观的利用，另一方面也注重小区建筑本身应成为外部大环境中的一处亮丽风景，通过平面的弧形布局、单体立面保留嘉庚传统文化的中式屋顶，形成起伏多变的群体轮廓天际线，以坡屋顶印象表现本土的特色，以体量错落和虚实对比营造丰富的整体形象，再以精雕细刻的细部设计体现建筑的精美感，从而使建筑成为一道亮丽的风景。

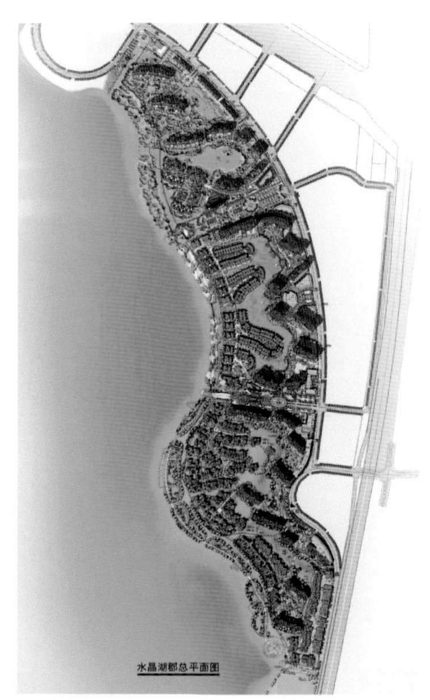

水晶湖郡总平面图

设计单位　厦门合立道工程设计集团股份有限公司
设计团队　张正、任继远、欧凤福、王洪武、黄智谦

在商业的设计中，以闽南石头建筑印象表现本土的特色，骑楼的沿用增近了建筑与人的亲和感，嘉庚价值山墙的元素成为建筑符号的一部分，使整个建筑充满了浓郁的地域特色，形成风情街的风貌。

1
2 3 4 | 5 6

1. 沿集美湖整体透视
2. 总平面图
3. 会所及高层
4. 组团透视图
5. 沿水岸透视
6. 滨水透视

厦门软件园三期

项目地点　厦门市集美区
竣工时间　2012年

建筑风格采用“嘉庚风格”与现代风格“混搭”的组合模式，即裙房部分采用传统“嘉庚风格”元素，以红色为主基调，墙身采用柱式、拱券等欧式建筑的元素和符号，屋顶采用了闽南传统大厝的双坡曲屋面、燕尾脊等立面元素，充分与集美新城片区风格相融合。高层办公塔楼部分采用简洁的现代风格，强调竖向肌理感，并采用石材线条与裙房的厚重感形成较好统一，同时也体现了软件园的行业特征。

设计单位　中元（厦门）工程设计研究院有限公司
设计团队　洪峰、涂斌、彭泽富、王春元、官炎飚

1. 远景
2. 沿街透视
3. 广场
4. 沿街建筑

新华都商学院

项目地点　福州市闽侯县
竣工时间　2013年

新华都商学院位于闽江学院内，由新华都慈善基金会捐资兴建。建筑总体布局借鉴北京国子监及北京孔庙的中国传统建筑格局，因地制宜，以北部超山引伸出中轴线，把商学院内各大主要功能建筑群串成一体。建筑主楼采用福建土楼的“五凤楼”型制为创意原型，两翼层层升高，最后和主楼的大屋面形成一个“五凤朝阳”的建筑视觉意象。墙身延续土楼的古朴自然建筑元素，造型简洁线条明快，形成具有中国“文昌意境”的教育建筑形象。

1 | 2 3 4 5 6

1. 鸟瞰
2. 入口透视
3. 庭院透视
4. 总平面图
5. “五凤楼”型制为创意原型
6. 中轴线透视

设计单位　福州市规划设计研究院集团有限公司
设计团队　阙平、邱育章、吴高延、薛方杰、吴德智、颜旭、陈永乐

武夷山竹筏育制场

项目地点　南平市武夷山市星村镇
竣工时间　2013年

武夷山竹筏育制场是武夷山九曲溪旅游漂流用竹排的储存及制作工厂，项目位于武夷山星村镇附近乡野中的一块台地上。

建筑大部分采用坡屋顶以利于排雨和屋顶隔热。办公宿舍楼采用外廊式布局，一层为办公，二层为宿舍、食堂，外廊采用竹子形成遮阳格栅，利于隔热通风。建筑充分适应闽地的气候环境特征，布局与朝向结合地形、风向考虑。

建筑主体采用素混凝土结构和混凝土砌块外墙，屋面采用水泥瓦，竹、木作为遮阳、门窗、扶手等元素出现。项目的工业厂房性质决定了建筑摒弃形式上任何的多余，而在建构上采用最基本的元素，并尽可能呈现其构造逻辑，在营造工业建筑朴素美学的同时获得经济性。

设计单位　迹·建筑事务所（TAO）
设计团队　华黎、Elisabet Aguilar Palau、张婕　等

1　2 3 4　5 6

1. 从毛竹晾晒场看大车间和办公宿舍楼全景
2. 办公宿舍楼楼梯间
3. 办公宿舍楼透视
4. 大车间透视
5. 办公宿舍楼室外楼梯
6. 大车间室内

松溪县文化广场

项目地点　南平市松溪县红旗街
竣工时间　2014年
设计单位　福建省建筑设计研究院有限公司
设计团队　陈子颖、林忠、陈勋

项目位于福建北部闽浙交界的山区小城松溪，自古沿溪河两岸多乔松，百里松荫碧长溪。城虽不大，却有较为丰富的文化历史底蕴和积淀，是著名的民间版画艺术之乡。

通过建筑体块错落围合，组织生成充满活力的城市公共活动空间。借用传统建筑元素，再现松溪山水情韵；起伏的建筑群落与自然山水轮廓相应和。素雅的色调、精致的院落，则传达出地域文化的意境与精神内涵。

1. 整体鸟瞰图
2. 文化馆 · 文化长廊
3. 城市广场

冠豸山森林山庄酒店

项目地点　龙岩市连城县冠豸山
竣工时间　2014年
设计单位　上海中福建筑设计院有限公司厦门分公司
设计团队　黄锡、唐琼、周超、刘鹏、庄宇　等

冠豸山森林山庄酒店主体部分的设计以土楼空间为原型。首先体现在布局上的特点是依山就势、背山面水，这与传统土楼建筑的传统意向一脉相承。空间布局上的单元式也是从土楼原型中提取而来，外观上也采用了圆形土楼的形式，塑造出内向的圆形院落空间。其内院立面采用横向带形的线条亦来源于土楼内部开敞环廊的意向，亲切、开放。整个酒店的建筑风格自然纯朴，建筑屋顶形式、立面材料的运用上也形成朴实的效果，极具传统韵味。

1
2　3
4　5

1. 鸟瞰
2. 总平面图
3. 整体透视
4. 内院透视
5. 走廊

厦门高崎国际机场 T4 航站楼

项目地点　厦门市湖里区
竣工时间　2014年

厦门高崎国际机场T4航站楼屋盖为直纹双曲屋面。建筑师的设计初衷是：将中国传统木建筑的屋顶架构进行提炼、简化形成具有韵律感的排架，通过扭曲变形产生双曲效果，再运用不同的组合方式，殊途同归再现闽南建筑特有的起翘屋顶形式。

匠心独运的古典美与现代工艺美的融合。航站楼造型具有地方特色，用现代元素体现传统建筑之美，与高崎机场T3航站楼造型呼应。将中国传统木建筑的屋顶架构进行提炼、简化，形成具有韵律感的双曲屋面，运用不同组合方式殊途同归地再现了闽南建筑特有的起翘屋顶形式，试图重新构架出一种在空间意象上具有中国传统屋顶形象，却不与传统完全一致的全新建筑形象，形成兼具地域性、整体性及时代性的“熟悉的陌生感”。

T4航站区平面规划图

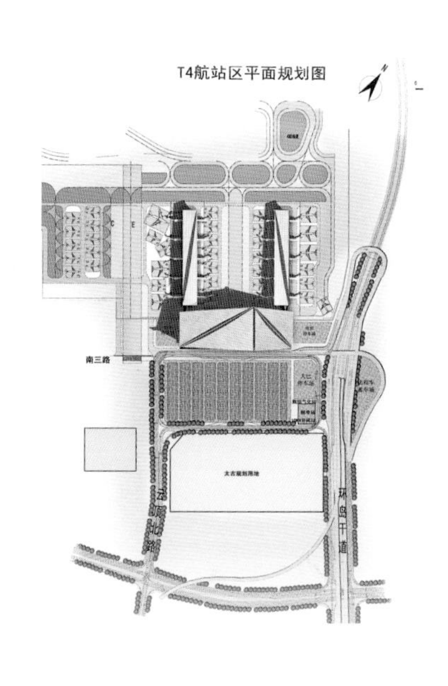

设计单位 中国民航机场建设集团有限公司
厦门合立道工程设计集团股份有限公司
设计团队 袁满、林秋达、葛惟江、魏伟、田菁 等

1. 远景图
2. 屋顶视角
3. 总平面图
4. 指廊西侧
5. 出发层高架入口

海西（宁化）客家美食博览园

项目地点　三明市宁化县
竣工时间　2014年

设计以客家文化景观街为主线串联起文化美食园的各部分功能和节点空间，并向南延伸连接塔山公园。文化脉络与自然脉络，两者相互连通，形成了富有层次、内涵丰富的建筑景观空间。

建筑设计吸收借鉴福建客家富有特色的建筑类型、空间和元素，与实际功能相结合创新的运用在项目中，体现出浓厚的客家地域文化氛围。

商业空间采用街坊与独立院落两种空间形态。商业街道借鉴传统街巷空间，错落有致。条形的街道空间每隔一段穿插广场与节点放大空间，空

设计单位　福建省建筑设计研究院有限公司
设计团队　陈毅强、黄汉民、刘永乐、潘剑平、江晖

间尺度有紧有弛，富有变化。位于地块中部的楼阁成为街道的对景和空间的高点，也成为商业街区的中心。沿着滨江绿带布置有商业院落，运用天井、庭院组织商业组团，在享有优质景观的同时，点状的布置不遮挡江滨景观。

1、4、5. 鸟瞰图
2. 山墙穿斗木构
3、6. 街坊空间
7. 远景透视

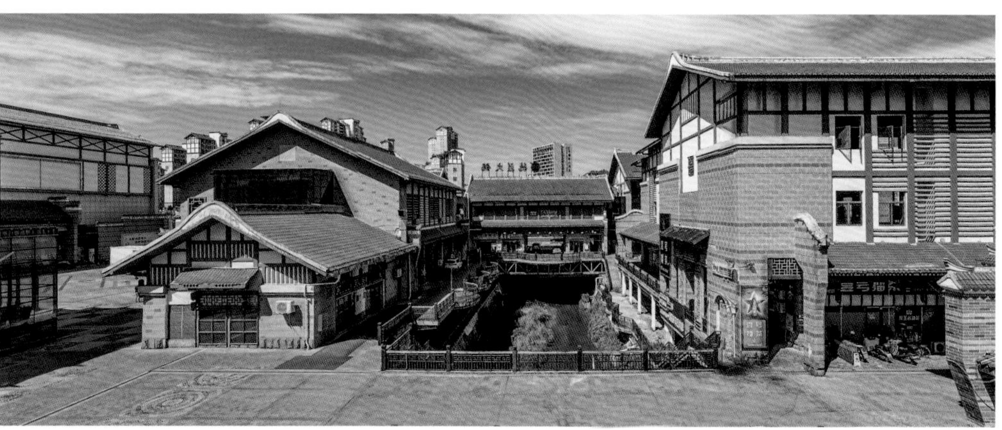

鼓岭景区宜夏老街及鳝溪入口

项目地点　福州市鼓岭风景区
竣工时间　2015年

鼓岭景区作为中国唯一的一条山顶上的“洋人街”，其中西共体的建筑特征独具特色。

我们首先整治宜夏老街，抢救破败建筑与文化生态；其次恢复避暑胜地嘉誉。

通过对老街的建筑修复和街巷空间的肌理重现对老街的原有价值进行开发，重现其避暑胜地的昔日风采。其中鳝溪入口山门是一组中西一体的建筑，高达18米的西式塔楼，由白色素水泥勾宽缝的西式毛石墙体，承载着不等坡的中式屋顶，通过中西方建筑手法的融合，在入口处揭示了中西共体的老街精神。

设计单位　福州市规划设计研究院集团有限公司
设计团队　严龙华、黄妙玲、姚坚伟、林剑峰

1 | 2 3 4 | 5 6 | 7 8 9

1. 鸟瞰效果
2. 鼓岭小道
3. 游客服务中心
4. 建筑效果
5. 李世甲故居
6、8. 万国艺栈
7. 鼓岭邮局
9. 古街巷道

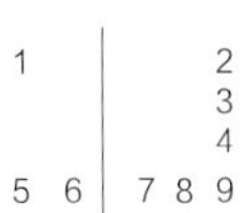

合立道总部大厦

项目地点　厦门市湖里区
竣工时间　2015年

设计单位　厦门合立道工程设计集团股份有限公司
设计团队　黄琰、林秋达、李钢、史学艳、阮毅华

综合考虑建筑风格及地域特点，外立面采用新型海蛎壳饰面做法。海蛎壳作为传统原生态材料，在当地取材方便，价格低廉，具有显著的隔热吸声效果，后期维护方便，耐候性、耐久性强，将废弃海蛎壳再次利用，环保生态。新型海蛎壳饰面与传统工法海蛎壳墙相比，采用小尺寸海蛎壳作为原料，材料重量轻，提高了高层建筑运用的安全性。同时海蛎壳饰面光影色彩丰富，墙体艺术性强，凸显建筑的标识性。

1. 南立面图
2. 中庭透视图
3. 夜景透视图
4. 海蛎壳外墙细部节点

华侨大学泉州校区 1、2 号学生公寓

项目地点　泉州市丰泽区城华北路
竣工时间　2015年

设计将原1、2号楼外墙旧石材难以复制的表面肌理与建构方式在近人尺度中恢复出来，以新陈代谢的有机方式呈现其历史感，延续泉州校区石砌建构文化景观。设计采用“循环经济下旧石材的就地再利用”这一策略，1、2号楼改造项目在底层充分利用原有旧石材，塑造出具有历史感与场所感的外部环境。

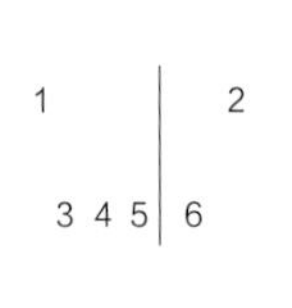

1. 转角透视
2. 内院透视
3. 院落
4. 西立面局部
5. 南立面透视
6. 石砌建构文化景观

设计单位　华侨大学建筑设计院（泉州）有限责任公司
设计团队　尹培如、孙永青、杨念民、方如、肖凌志　等

长乐市首占营前新区市体育中心——体育馆、体育场

设计以体育场为中心，体育馆，游泳馆分立于体育场两侧，三者呈现“品”字布局，建筑向洞江湖景观区呈开放形态，营造尺度怡人、景观优美、视野开阔的休闲广场空间。在满足赛事和全民健身的基础上，构筑由体育场东看台下部空间与体育馆附属楼构成的体育商业街，形成与体育运动互补关系的“一张一驰”休闲空间。

建筑形态源自于长乐的城市名片——漳港海蚌，经过抽象演绎成为动感十足的生态体育建筑；既呈现强烈的现代感和未来感，又与当地地域文化特征相关联，与周围滨水环境相呼应、相融合，形成城市地标性建筑。

项目地点　福州市长乐区
竣工时间　2015年

设计单位　福建省建筑设计研究院有限公司
设计团队　袁军、黄汉民、江文祥、黄远芳、杨银星

1. 体育场与火炬塔透视
2. 体育中心总体鸟瞰
3. 北广场透视
4. 体育馆主入口
5. 海蚌造型

安溪气象观测站

项目地点　泉州市安溪县
竣工时间　2015年

建筑设计结合气象观测的功能，充分融合安溪地形地貌特征，五层巨大的曲线观景平台高低错落，形成“山中之云”的意向。辅以屋顶绿化，庭院种植，尽量控制建筑实体部分所占的比例，用玻璃幕墙反射周围绿植和天空，使建筑更好地融入周围环境。退台形式适应地形，融合环境；室内空间自由延伸，相互穿插；观景平台层叠错落，步移景异；内外空间互相交融，浑然一体。

设计单位　厦门合立道工程设计集团股份有限公司
设计团队　林秋达、曾光、张凌波、林珂

1. 西南鸟瞰图
2. 西面透视图
3. 二层露台透视图
4. 航拍总平面图
5. 夹层露台透视图
6. 室外灰空间
7. 南立面夜景透视图

翔安企业总部会馆启动示范区

项目地点　厦门市翔安区
竣工时间　2015年

设计单位　厦门合立道工程设计集团股份有限公司
设计团队　魏伟、刘雨寒、郑思洋、林晓达、许志钦　等

在建筑形象上，传承翔安地域特色，并在现代语境下营造新的“翔安特色”。通过对闽南红砖厝的典型“院落”与“埕”空间的研究，生成带有人文关怀的新城市记忆，使现代高效办公与传统宜人尺度空间在同一时空对话。

多层单元式办公以浅色荔枝面干挂石材与深色玻璃的组合，体现了现代办公空间的精致和简约，与底层院落裙房之间实现良好的过渡，这是一种多层建筑与闽南传统红砖厝样式结合的积极探索。

低层独院式办公更贴近人的尺度，引入缓坡顶、燕尾脊、山墙装饰、暖色的墙面与铺地、厚重的石材等传统元素，唤起大众的本土记忆，实现传统民居样式在现代建筑中的移植与延续。

1
2
3 4 5

1. 透视图
2. 整体鸟瞰
3. 建筑外立面
4. 局部透视
5. 建筑外观

船政衙门及前后学堂复建工程

项目地点　福州市马尾区
竣工时间　2015年

设计单位　福建众合开发建筑设计院有限公司
设计团队　包靖、唐丹明、洪铃、沈修能、陈学秉　等

船政衙门及学堂复建工程建筑群融合了清代福州民居、近代殖民地建筑风格，是闽派建筑体系在历史流转过程中所特有的存在。

建筑复建中，采用现代的建构工艺和材料，准确还原了历史建筑的风貌，通过对福州民居建筑细节的深挖，织补成一个整体的建筑群落，从空间和时间维度上，对历史建筑进行最大程度地还原实现传统历史街区的织补和更新。

1
2
3

1. 入口空间修复
2. 细部与装饰
3. 内部空间

厦门大学勤业餐厅改扩建项目

项目地点　厦门市思明区
竣工时间　2015年

设计单位　厦门大学建筑与土木工程学院
　　　　　厦门大学建筑设计研究院
设计团队　罗林（项目负责人）、柯帧楠

勤业餐厅是厦门大学重要的校园空间节点，改扩建后总建筑面积10790平方米。原勤业餐厅于1981年建成，在厦大师生与市民中享有很高的美誉度。改扩建方案在总体布局上沿用原勤业餐厅的椭圆形体，保留场所记忆。

设计充分利用餐厅的形体优势，四个方向各设一个用餐出入口，分散解决四方人流。椭圆形体外立面延续相邻丰庭、芙蓉等“嘉庚建筑”红砖柱廊的节奏、材质，以及绿色琉璃瓦坡顶，让新建筑悄无声息融合在红砖绿瓦的厦门大学嘉庚历史建筑群落之中。

1
2 3 4 5 6

1. 入口空间
2. 室外台阶
3. 大台阶
4. 柱廊
5. 挑檐
6. 立面局部

厦门市水上运动中心二期项目

项目地点　厦门市集美区杏林湾
竣工时间　2015年
设计单位　中国市政工程中南设计研究总院有限公司
设计团队　彭宏伟、翟作卫、张磊、周斌、唐善培　等

运用“嘉庚建筑风格”的建筑语汇，新型的建筑材料，流线型曲面造型的大跨度及长悬挑的钢结构坡屋面，在体育建筑设计中融入了闽南建筑的特色，与地域周边的闽南建筑风貌协调融和，流线型曲面造型的钢结构坡屋顶面板采用铝镁锰合金屋面板，成功解决了沿海地区建筑钢结构材料易腐蚀的问题。

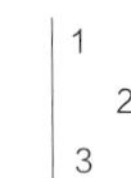

1. 主看台、终点塔透视
2. 主看台水岸实景
3. 远景鸟瞰图

尤溪县朱子文化园

项目地点　三明市尤溪县
竣工时间　2015年

尤溪县历史悠久，文化积淀深厚，是南宋著名理学家、教育家朱熹的诞生地，素有“闽中明珠”之美誉。

建筑风格以仿古建筑为主，飞檐斗栱、红柱青瓦白墙，屋檐取自当地的建筑风格——“龙舌燕尾脊”，更好地融入当地建筑群。由沈郎樟、朱子文化苑、尤溪博物馆、开山书院、韦斋祠、瘗衣处、文公祠、半亩方塘、活水亭、镇山书院、朱子画廊浮雕群、画卦洲、青印石等组成。

设计单位　北京清华同衡规划设计研究院有限公司
设计团队　付倞、陈倩、胡子威、陈丽媛、陈丹丹

1

2 3 | 4 5

1. 总体鸟瞰图
2. 牌坊细部照
3. 韦斋祠入口照
4. 朱子文化园内庭院
5. 景观置石照

海峡青年交流营地

项目地点　福州市琅岐岛
竣工时间　2016年

项目位于福州琅岐岛。作为海峡两岸青年交流交往、创新创业的文化旅游公益性项目，营地功能布局和建筑形态凸显青年活泼的天性，借鉴运用的福州元素和海峡文化更彰显地域特色。

建筑面向红光湖呈扇形布局。自然发散的空间，在形式上连接红光湖与闽江水域，构成基地的中轴线。沿扇形湖岸布置环形海峡青年文化街。延伸至红光湖的栈道、船坞，与湖中的探险岛遥相呼应，构成了一个自然和谐、富有动感与情趣的城市水体、郊野公园。

设计单位　福建省建筑设计研究院有限公司
美国MZA建筑设计公司
设计团队　梁章旋、张铭、PETER SHERRILL、FRANK LO、王锴、黄建英、傅超、郑文涛、黄平、蒋枫忠、任飞

1. 红光湖主立面
2. 扇形布局文化街
3. 会展中心透视
4. 街景透视
5. 红光湖栈道

厦门社区书院

项目地点　厦门市思明区白鹭洲路573号
竣工时间　2016年

项目为原有临时钢构建筑小品改造，隐匿于厦门白鹭洲西公园西南角一片树丛当中。

建筑结合了厦门地域和项目本身的特点，利用合理的虚实关系，通过玻璃幕墙将室内外空间有机结合，强调了开放性与公众参与性。造型将闽南传统建筑元素与现代参数化建筑设计方法相结合，采用闽南地区特有的烟炙砖，加以红漆钢结构、白色铝板以及石材，在保留闽南元素的基础上创新性地利用特有材料，打造了一处安静休闲又具有现代感的小品建筑。

1
2 | 3 4

1. 主入口透视
2. 参数化砖墙结构分析
3. 建筑夜景
4. 建筑转角

设计单位　厦门合立道工程设计集团股份有限公司
设计团队　林秋达、郭海蓬、张可寒

中国闽台缘博物馆

项目地点　泉州市西湖公园北侧
竣工时间　2016年

中国闽台缘博物馆作为展示闽台关系的博物馆，建筑本身就要求能隐喻闽台的亲缘关系，延续闽台的地域建筑特色。我们经过深入地思考和分析，在设计中围绕“源”“缘”“圆”三个字做文章，深入挖掘闽台传统建筑的地域特色，从传统地域文化和异域文化中汲取营养，提炼出简洁、明了的建筑语言，在博物馆建筑设计中突出加以表现。

设计单位　福建省建筑设计研究院有限公司
设计团队　黄乐颖、黄汉民、黄春风、黄晓冬、
谢崔昀、张文裕、江枫

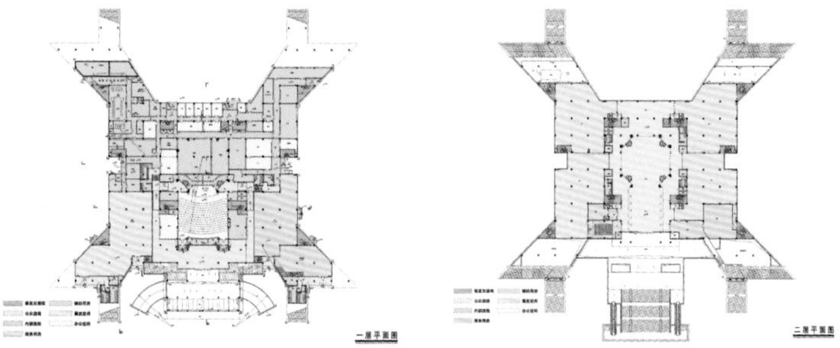

1. 主入口透视
2. 一层、二层平面图
3. 电梯厅
4. 中庭
5. 卧碑
6. 剪黏装饰灯柱圆盘
7. 正立面远眺

厦门东南国际航运中心

项目地点　厦门市海沧区
竣工时间　2016年

东南航运中心总部大厦建筑用地南临海湖，北临城市CBD规划区，拥有独特的环境资源。功能包括商务办公大楼、联检办公大楼、商业、会展及酒店。沿内湖一侧的外形轮廓顺应湖岸曲线，朝向海面一侧则顺应海沧大道的走向向海面打开。二者空中通过层层连桥彼此相连，底层公共空间贯穿南北，衔接中心广场与海沧大道一侧入口广场，赋予城市生活的动线。

建筑的整体造型采用“山与海”的意向，希望该建筑在天际线上协调海滨景观与高层建筑在尺度上的矛盾，南低北高。建筑的整体轮廓如同逐渐翻腾的海浪和潮汐，大气磅礴，给人“海”的意向。梯田一般层层叠叠的退台提供了天然的观海平台，给人“山”的意向。“山与海”意向的结合创造了厦门岛海滨城市景观的新特点。

出挑的屋檐、延展的平台、通透的幕墙的设计强化了楼层之间灵动的关系以及室内外空间的连通感。使用者在各层都能透过带形的玻璃幕墙看到巨大的屋面平台，给人一种犹如在首层的感觉，每一层建筑都像单层景观建筑一样被叠加起来。连续渐变的层板犹如数十层切片，将整体形态化整为零，为整体造型增添了些许东方建筑特有的美感。B座联检大楼内部高达70米的超大中庭是东南航运中心总部大厦内部空间的一大亮点，光线透过平台空间撒入犹如巨大天然溶洞般的中庭空间，极具震撼力。

1　2 4 3 5　6 7

1. 鸟瞰
2、3. 出挑屋檐
4、5. “海”的意向
6. 总体鸟瞰
7. 内湖透视日景

设计单位　中国建筑设计研究院
设计团队　崔愷、关飞、郭海鞍、单立欣、董元铮　等

福州上下杭历史文化街区三捷河地段

项目地点　福州市上下杭历史文化街区
竣工时间　2016年

设计在保持和延续街区传统肌理的同时，通过对街区功能的置换，节点空间的梳理与植入，以及对不协调建筑的降层或拆除作为节点更新的方式，建立街巷与街区之间的紧密联系，营造出三捷河片区生动的岸线生活场所。

对于片区内的各级文物建筑，遵循原真性和完整性原则，在保持有价值的历史信息的同时，植入适宜的业态并活化利用，使之与更新建筑在空间与功能业态整合为一体，满足当代城市生活的需求。新建小体量建筑坡屋面高低错落，楼体间转角交接处理复杂多变；在利用传统材料时，准确地表达砖、木结构的传统工艺。

设计单位　福州市规划设计研究院集团有限公司
设计团队　严龙华、罗景烈、陈思均、林炜、刘秋芳、张灵华、李凌枫、叶清理、徐晓明、郑家宜、蒋励欣、颜旭、马沁沁、陈运合、王飞锽

1
2 3 4 5 | 6 7 8

1. 三通桥-陈文龙尚书庙
2. 星安桥巷更新建筑
3. 三通桥下巷坊门
4. 宝寿堂沿岸街景
5. 永德会馆
6. 沿河透视
7. “上下杭”木牌坊
8. 三捷河畔更新建筑透视

三坊七巷保护修复工程南街项目

项目地点　福州
竣工时间　2017年

设计的重点着眼于两个方面：首先是功能整合，将南街地段与东街口商圈相融合，结合地铁站，形成地上地下一体化的大型商业综合街区，强化并提升福州传统核心商圈的辐射力。其次是尺度与肌理，既要与西侧的三坊七巷相协调，又能契合东侧的城市中轴线尺度。

更新地段汲取了三坊七巷的肌理特征以及传统宅邸“南北推进、厅井结合”的空间特色，以消解体量的手法与纵向展开的屋顶形态，使整体建筑肌理能与三坊七巷历史街区相呼应。将南街建筑与三坊七巷接邻的内界面采用退台处理，以减少压迫感形成良好的过渡。注重与传统巷道的关联，塑造有序而生动的城市园林客厅。同时，结合地铁口设置下沉休闲广场，将自然生态导入地下空间，塑造立体化的文化街区商业空间形态。沿街立面在延续

设计单位　福州市规划设计研究院集团有限公司
　　　　　北京华清安地建筑设计事务所有限公司
设计团队　严龙华、杨伯寅、张蕾、颜旭、刘秋芳、
　　　　　张智娟、李凌枫、叶清理、史鹏飞、魏朝晖、
　　　　　黄妙玲、姚坚伟、谢智雄、马沁沁、李嘉

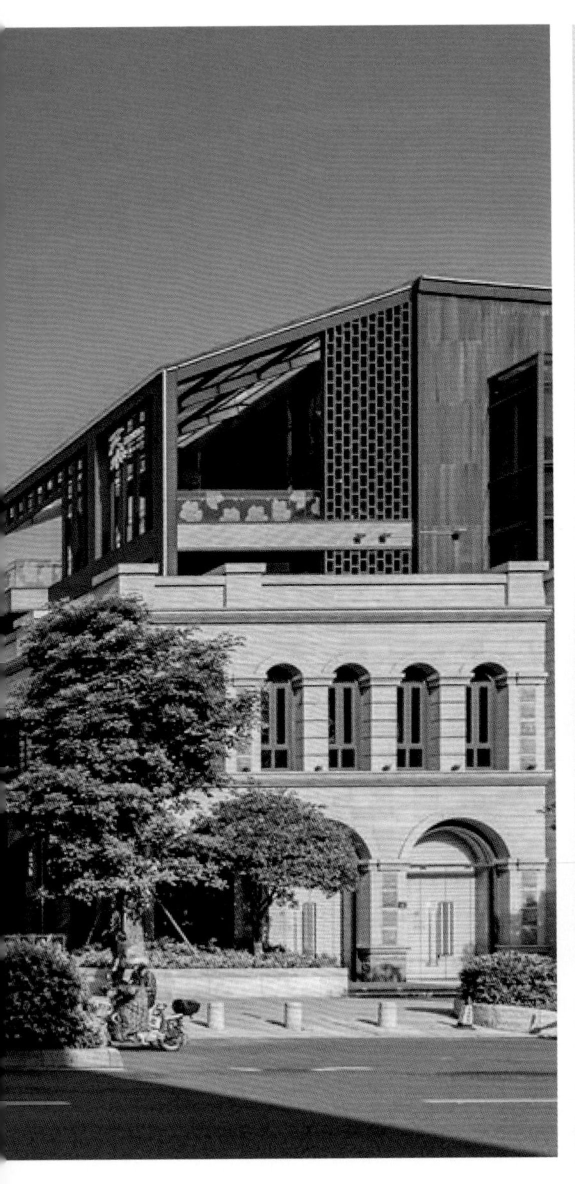

近现代风格的同时，融入现代元素，以营造具有福州意韵的当代本土文化景观。而与三坊七巷紧邻的西侧立面则更多考虑与传统街区相呼应，使传统与当代建筑语言相融合，并通过对三坊七巷与南街衔接各巷口的精心处理，采用框景、退让、退台等手段，既强化历史巷口的标识性，又反映出中轴线南街段的整体天际线轮廓的有序变化。

1　　2
　　3
4 5 6 7

1、2. 南街街景
3. 黄巷-塔巷段下沉空间
4. "宫巷"坊门
5. 地面商业空间-下沉空间
6. 宫巷-安民巷段下沉空间
7. 黄巷-塔巷段下沉空间

福州东百中心

项目地点 福州市
竣工时间 2017年

本案紧邻福州传统历史街区——“三坊七巷”，作为福州最负盛名的商业巨擘，以经典对话“三坊七巷”，将传统民居的瓦屋节比、院落重重的空间意象“转印”成向城市徐徐展开的画卷。以现代手法演绎传统民居“黛瓦”和“窗棱”等元素，传统与现代互为张力，虚实相映的体量叠加于白墙黛瓦间，不仅诉说着东街历史变迁，更为城市风貌更新带来勃勃生机。

1 2
3 4 5 6

1. 城市画卷
2. 沿街透视
3. 巷口与挑檐
4. 立面局部
5. 山墙与立面
6. 挑檐

设计单位　福建省建筑设计研究院有限公司
设计团队　黄春风，任希，陈晨

金鸡山公园茉莉花花瓣茶室

项目地点　福州市金牛山公园
竣工时间　2017年

花瓣茶室位于福州市晋安区金鸡山公园山顶，以福州市市花茉莉花作为造型寓意，新颖别致，富有地域特色，成为金鸡山公园及北二环路重要的视觉焦点。总建筑面积2323.43平方米，占地面积888.24平方米，总体四层。

为了更好地联通不同方向的视线廊道，本案采用层次丰富的退台形式融入山体，屋面部分结合花瓣层层绽放的立意错落有致，横看成岭侧成峰。同时将人流密集场所放至一层地面，其余三层均放至坡下，避免对山体景观的过多干扰，营造立体化的室内空间氛围，将茶室、讲堂、公共卫生间、母婴室等多种配套功能融入其中。

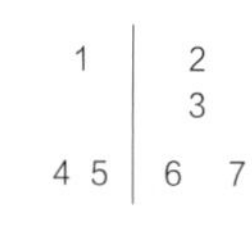

1. 日景鸟瞰
2. 远景透视
3. 夜景鸟瞰
4. 户外观景台
5. 讲堂
6. 茶室
7. 公共空间

设计单位　福州市规划设计研究院集团有限公司
设计团队　黄妙玲、严龙华、阙平、刘秋芳、郑越、林剑峰

闽宁镇规划暨建筑方案设计

项目地点　银川市永宁县
竣工时间　2017年

闽宁镇位于宁夏中南部，贺兰山东麓，其名取自福建、宁夏的简称。经过多年建设发展，已成为我国东西扶贫协作的地标之一。本项目为多方设计团队的通力协作，也体现了闽宁人携手并进的山海情；规划设计打造为以发展葡萄产业、商贸服务业为主的生态文化宜居城镇。闽宁镇规划为一核双轴、两心两区的空间结构：

一核：包括开放广场、标志性总部中心及特色步行街区，形成中央核心区。

双轴：自中央核心区形成“十”字型的规划主轴。南北向主轴串联酒、水、茶三大节点，东西向主轴构建片区与东侧镇区中心的联系。

两心、两区：南北形成以文化、休闲、商贸、居住等功能为主的复合功能组团，其中北侧组团融入酒文化中心与红砖燕尾脊的闽南风格，具有“潇洒进取”的建筑性格；南侧组团融入茶文化中心与粉墙黛瓦的闽都风格，赋予“庄重儒雅”的建筑性格。

1
2 3 | 4 5

1. 三大组团及鸟瞰效果
2. 闽都风格建
3. 闽宁阁
4. 闽宁镇牌坊
5. 北侧组团鸟瞰

设计单位　福州市规划设计研究院集团有限公司
　　　　　银川市城市规划设计研究院有限公司
　　　　　福建省泉州市古建筑有限公司
设计团队　阙平、黄妙玲、薛泰琳

惠安雕艺文创园“世界石雕之都”展示中心

惠安石雕，福建省惠安县地方传统美术，国家级非物质文化遗产之一。历经一千多年的繁衍发展，仍然保留着非常纯粹的中国艺术传统，至今未被西方外来文化所异化，具有强烈的民族性。

建筑设计以惠安传统文化“石魂”为核心，抽取石雕技艺中的切割、雕刻手法，在总体意向上，以“体量完整”“棱角分明”为设计指导思想，建筑形象硬朗、大气反映了惠安地方石雕产业特色。塑造出一个气势雄伟，既富有惠安特色又包含时代精神的闽派地域立面。设计建筑作为每年惠安雕博会的主要举办场地，是惠安石雕产业的门面和缩影。

项目地点　泉州市惠安县
竣工时间　2017年

设计单位　福建省建筑设计研究院有限公司
设计团队　黄乐颖、蒋炜葳、张泽泉

1. 陶艺博物馆透视
2. 雕艺会展中心透视
3. 鸟瞰
4. 雕艺会展中心立面
5. 西向透视
6. 建筑立面
7. 展示馆中庭
8. 西南角透视

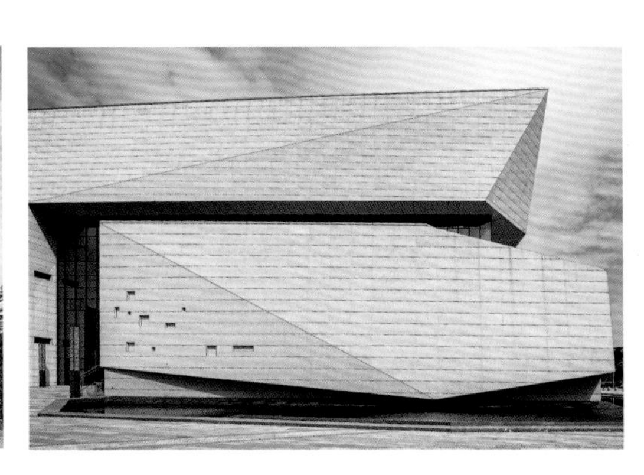

世界妈祖文化论坛永久性会址

项目地点　莆田市湄洲岛
竣工时间　2017年

设计以"珠冠凤袍，海上琼楼"立意，既体现海上女神妈祖的信仰传承，又彰显地域建筑的文化神韵，助力新时期"一带一路"战略发展，谱写海丝新篇章。

项目位于湄洲岛中部，坐东朝西，与位居湄洲岛北侧的妈祖祖庙隔湾相对。契合妈祖受历代帝王褒封的天后形象，形制庄严而又包容兼爱，灵动飘逸的红色屋面既隐喻海洋主题，又彰显地域建筑的文化神韵；白色的装饰柱序列喻义天后凤冠珠帘的形象。同时观众前厅及2000人主会场吊顶

设计单位　厦门中建东北设计院有限公司
　　　　　清华大学建筑设计研究院有限公司
设计团队　林申、任炳文、肖栋、刘扬、严海华　等

也拟合立面波浪造型，通过室内天、地、墙的整体打造，凸显了“海上碧波万顷，天上翔云一片”的立意，烘托了妈祖这一跨越千年、为一方百姓保平安的海上女神的庄严与兼爱。

1. 整体鸟瞰
2. 大台阶
3. 沿街面鸟瞰
4. 夜景图

国家知识产权局专利局专利审查协作北京中心福建分中心技术用房

本项目总体采用周边围合式布局，最大限度留出中心景观花园；建筑体量以横向线条沿基地红线从西南侧至东北侧展开，留出朝向乌龙江方向及夏季主导风向的东南角作为主要景观及室外运动设施场地。

通过体块的进退，使建筑形态契合周边道路界面，同时于出入口处形成入口广场空间；连续完整丰富的建筑界面对外向城市展示整体性强的建筑形象，突出建筑的主体性；于基地内部则围合出中心景观花园，提升环境品质。

空间组合上借鉴福州本土民居的布局特征，将合适体量的内庭院植入主体建筑，打造庭院与建筑有机组合的、适应本土气候特征的、丰富的空间环境，创造具有地域性特征的本土建筑。

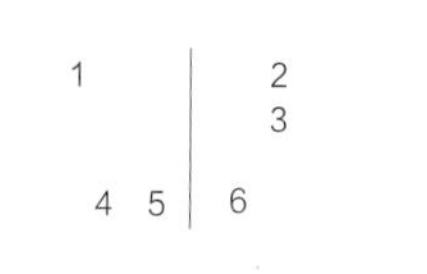

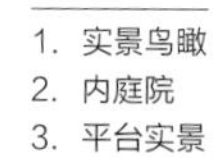
1. 实景鸟瞰
2. 内庭院
3. 平台实景
4. 总平面图
5. 总体鸟瞰

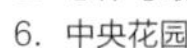
6. 中央花园

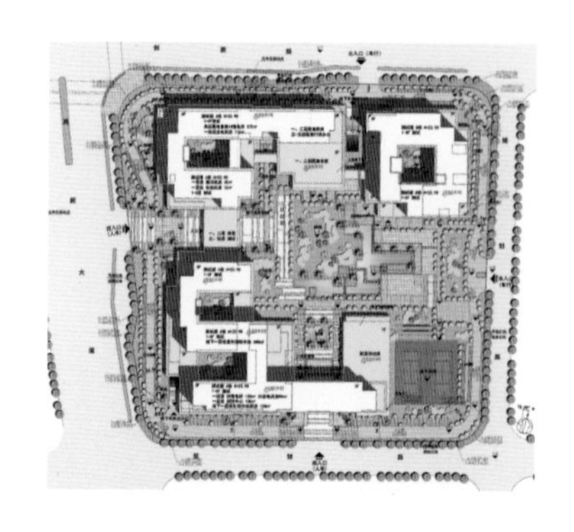

项目地点　福州市闽侯县
竣工时间　2017年

设计单位　福建省建筑设计研究院有限公司
设计团队　袁军、孟昭财、郭亮、许天、阮永锦　等

平潭一中

项目地点　平潭综合实验区
竣工时间　2017年

设计单位　厦门泰达建筑设计咨询有限公司
设计团队　李甫君、赖竞、李远成、张俊憋、颜妹琴　等

设计传承平潭地域文化，融合闽南嘉庚风格和福州三坊七巷等传统建筑文化，形成了“平潭一中建筑风格”——“嘉庚风格”加现代创新，形成平潭一中作为百年老校独具历史文化内涵和宁静雅致、现代向上的建筑风格。

南大门汲取闽南建筑元素——曲屋脊，并采用现代构成手法，大气恢弘并伴有平潭一中走出“状元”的美好寓意。把“变天堑为通途”的平潭跨海大桥做屋脊、用首航台湾的轮船船首做屋脊收头；橙红瓦坡屋顶、砖红色墙面和石材勒脚凸显地域建筑本色，建筑传递出悠久的地区历史和个性鲜明的地域特色。

1. 图书馆综合楼
2. 校园建筑景观
3. 鸟瞰图

东海大厦扩建及改造

项目地点　厦门市思明区中山路
竣工时间　2013年

设计单位　北京中合现代工程设计有限公司
设计团队　吕韶东、吴晓庚、张福镪、王立宏

闻名国内外的厦门中山路，是一条在老城区中具有南洋骑楼建筑风格的商业步行街。由于历史的原因，沿街多处在20世纪中下旬已改为现代风格的建筑。市政府为了恢复和延续中山路的历史风貌，要求对建于20世纪80年代末的东海大厦及其南面小广场进行改造。

设计将建筑底部三层向南面扩大，取消了南面小广场，沿街底层增设了骑楼，与周边两端相邻建筑的骑楼衔接。沿街扩建部分的建筑高度保持了中山路原有的建筑尺度、立面造型和建筑细部、色彩搭配等。通过精心设计，恢复和延续了中山路南洋骑楼建筑风格的传统历史风貌，还原了这条闻名遐迩的步行商业街特色。

1. 中山路改造后透视
2. 转角细节
3. 沿街透视

青普品牌酒店之塔下土楼店

项目地点　漳州市南靖县书洋镇塔下村
竣工时间　2017年

设计单位 迹·建筑事务所（TAO）
设计团队 华黎、郑经纬、张锋、赖尔逊、金龙强 等

项目基于改善现有的土楼群，展现塔下周边的秀丽旅游风光并结合客家建筑、饮食、养生等文化特色来打造独特的客家文化主题酒店。项目整体力求保持原有建筑及场地的空间氛围，保留夯土及木构材料的细节，通过置入新的空间、家具、文化艺术装置等，来促成传统文化理念与现代生活方式之间的和谐交融。景观部分充分尊重土楼建筑实体和村落自然环境，最大程度保留周边道路、河流以及街巷的空间细节。建筑上拆除杂乱无章，不承重的隔墙，还原土楼最原初的格局，让土楼这种特殊形制建筑的结构得到真实表达，同时对朽坏的结构进行更换。

设计从功能上对土楼空间进行重新梳理，合理插入酒店功能。土楼内部改造遵循“空间追随结构”的理念，保持原有木结构主体。二层三层拆除现有部分隔墙及吊顶，将走廊空间纳入室内，扩大进深，保留原木结构梁柱及屋架，客房布局依柱间划分。

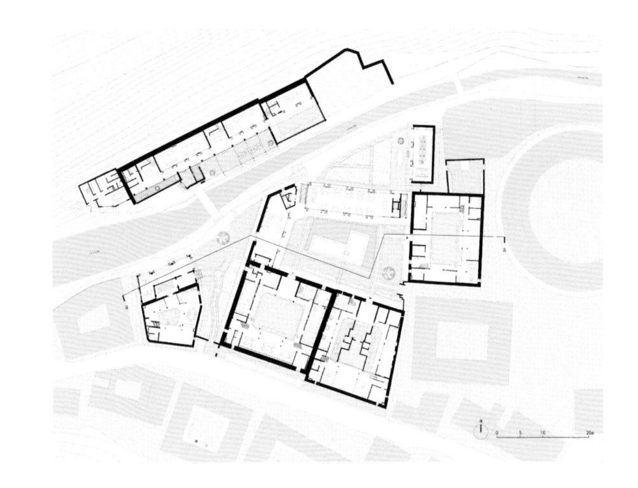

1. 瓦墙
2. 庭院
3. 接待大堂
4. 耀东楼
5. 总平面图
6. 瓦墙与夯土墙
7. 原有空间氛围
8. 餐厅与庭院

上坪古村复兴计划

项目地点　三明市建宁县溪源乡
竣工时间　2017年

设计单位　三文建筑/何崴工作室
设计团队　何崴、赵卓然、李强、陈龙、陈煌杰　等

上坪古村复兴计划中最后一个设计区域位于村落较深的位置，是贯穿村落的两条溪流中东溪上游的重要节点。独特的位置和文化、景观条件决定了这里必然会成为人群聚集的地点。设计团队希望通过对闲置农业生产设施的改造，植入新的业态，留住人流；与空间改造同步，一系列与古村相关的文创产品和旅游活动内容也被一起考虑。

比如由废弃猪圈改造的酒吧："圈里"是区域内最主要的新建筑。建筑的外观并不张扬，尽量保留了原有建筑的材质和形制：毛石围挡和木构屋架。在内部，建筑的平面成"田"字形，"田"字的四个区域是原来的猪圈，设计保留了原有猪圈的毛石围墙，将吧台、散座和炕席分别置于四个原本的猪圈中。布局与原有村庄相呼应，自然地融入当地村落。

1　　5 6 7
3
2 4　　8

1. 鸟瞰
2. "圈里"酒吧外观
3. 杨家学堂概貌
4. 新建筑分为"一动一静"两个部分
5、6. "静雅"书吧室内
7、8. 两处棚架被作为制笋空间和凉亭

武夷山德懋堂

项目地点　南平市建阳区麻沙镇仙牛湾景区
竣工时间　2017年

七子书院的概念缘起于一座游氏老宅。游酢，字定夫，建州建阳人，是北宋著名理学家。其后人居住在建阳麻沙溪边村落的“七子门楼”中。相传老宅原本横为七间纵为七进，七间分别为游氏七兄弟所属，故名“七子”。

本方案将原七子门楼入口立面完整保留并整体迁移作为新建筑的北立面，同时方案沿用武夷山民居“天井”布局及木构架形式，将“食”“茶”“宴”“酒”“书”等不同主题功能放置于横向不同的七间。另外其主体形式及建筑材料借鉴了传统武夷山民居建筑，并融合现代建筑做法。

设计单位　北京天地都市建筑设计有限公司
设计团队　卢强、段炼、安全慧、李倩怡

1

2 3 4 | 5 6 7 8

1. 建筑群鸟瞰
2. 航拍平面图
3. 庭院景观
4. 七子书院大堂
5. 别墅茶室
6. 别墅山墙细节
7. 休闲区
8. 入口鸟瞰

厦门洲际华邑酒店

项目地点 厦门市海沧区海沧大道
竣工时间 2016年

设计单位 厦门上城建筑设计有限公司
设计团队 林志宏、赖伟胜、郭天祥、黄春雄、叶明钦

与海直接的对话是滨海度假酒店设计的“灵魂”。

酒店塔楼主要面最大程度向海岸线展开，仿佛碧波蓝天拥抱酒店那样，酒店也拥抱着厦门西海岸的美景，在大限度实现景观资源利用最大化；引用“鹭”作为设计的中心启发灵感，将白鹭展翅的形态用于设计，飞翔于大海之上的理念，寓意着大厦门再次飞翔。

1. 沿湖透视
2. 沿街透视
3. 入口透视

栖溪云谷

项目地点　福州市晋安区桂湖森林温泉小镇
竣工时间　2017年

设计单位　中国美术学院风景建筑设计研究总院有限公司
设计创意　陈仲光
设计团队　陈伟平、全文强、魏炬剑、刘学娇、黄旭辉、褚燕楠、何南峰

栖溪云谷拥有独特的温泉资源，山水环抱自然景观，位于福州北理想的度假居住场地。规划设计保留东侧山丘，通过依山构室，相生相容，重返自然的设计理念，参考建窑及森林元素打造栖溪云谷示范区。

小区采用简洁、现代的浅色风格建筑，主调为灰白色，通过大小不一的挑板和阳台丰富了建筑形态模糊了室内外的界限，同时也为城市提供开放性空间形态。与周围山地形成呼应，充分体现了生态、绿色健康的度假社区。简约的建筑风格与周边建筑和环境相互融合。

1
34
25

1. 小区业主会所侧面透视图
2. 小区业主会所正面
3. 示范区效果图
4. 无边泳池
5. 院落景观

福州大学晋江科教园

项目地点　泉州市晋江市金井镇
竣工时间　2018年

项目位于福建省晋江市金井镇，南侧临天然湖与卓望山，西侧临海，风景秀美。设计团队深入研究了闽南建筑与当地原有的城市肌理，将小尺度的村落与结构和大尺度的校园结构在空间设计上进行了巧妙的复合。

校园环境依山傍水，校园建筑借鉴闽南传统建筑特点，采用闽南当地传统材料和出砖入石的地域特色墙面做法，提取闽南古厝特有的燕尾脊屋顶形式，形成高低起伏的沿湖天际线，呼应山与水的形态，与环境融为一体，形成山水校园的独特景象。

设计单位　深圳市建筑设计研究总院有限公司
设计团队　孟建民、徐昀超、符永贤、张圣洁

1　2 3
4 5 6　7 8

1. 图书馆主立面
2. “出砖入石”
3. 图书馆阅览区
4. 图书馆走道
5. 风雨连廊
6. 校园景观鸟瞰
7. 总体鸟瞰
8. 图书馆中庭

厦门中航城国际社区 C 区

项目地点　厦门市集美区
竣工时间　2018年

方案设计单位　华汇工程建筑设计有限公司
施工图设计单位　厦门合立道工程设计集团股份有限公司
设计团队　苏志斌、陶建、邓笑欢、潘国贵、欧阳黎东

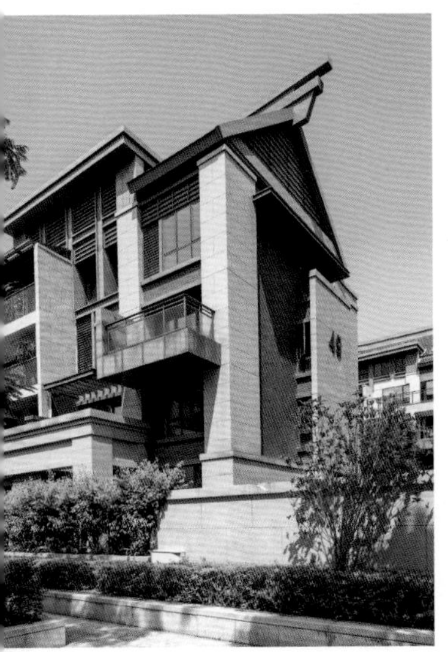

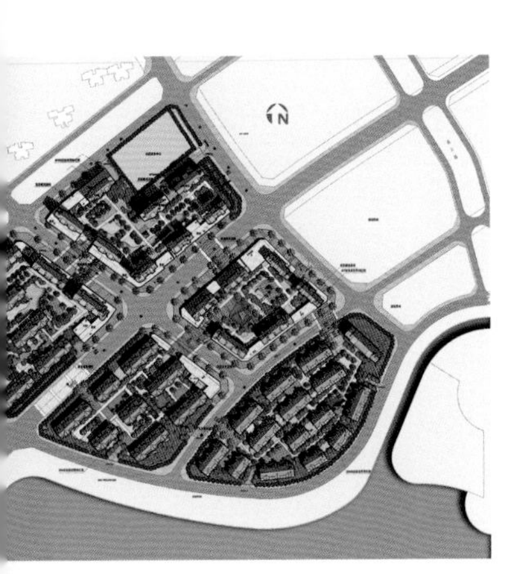

厦门中航城国际社区C区位于厦门市集美区杏林湾九天湖片区，在海翔大道南侧、杏林湾路北侧以及杏锦路东侧。地块紧邻九天湖，拥有良好的景观资源。

项目用地南面为海，建筑由南边的临海面到北边的G03地块逐渐增高，有丰富的天际线。G04地块为纯洋房居住社区，G07地块为高层住宅区，G08地块为多层为主的复合园林生态区，通过规划布局突显厦门作为海湾城市特点，突出厦门绿色之岛、音乐之岛的城市名片，突出本地块人居的亮点。

同时，为配合集美区的总体定位，本项目造型风格定位为“嘉庚风格”，通过坡屋顶，线脚，拱券，暖色墙面等立面材质形成强烈的对比，既能体现“嘉庚风格”又提升了本项目的尊贵品质。

1　2 3 4　5　6 7

1. 庭院半鸟瞰　5. 总平面图
2. 中庭透视　6. 屋顶局部透视
3. 沿内部道路透视　7. 内部环境
4. 多层住宅透视

九峰村乡村客厅

项目地点　福州市晋安区
竣工时间　2018年

整个改造的核心目的在于创造一个大体量的“会客厅”，能够接待来客、开会、培训或者喝茶小聚。然而原本的老宅没有这样的空间。为了不遮挡老宅，我们选择了离入口最远的两间前面设计了一个大空间，为了降低造价同时施工简便，竹结构成为了优选。

老宅位于山坡之上，面对溪流和远山，园林设计采取了“借景”的方法，将原本封闭的院墙打开，换之以芦苇山草，竹客厅对面巧妙地对准远处溪流边的古亭，成为客厅向外看的画面一隅，配之绿树远山，相得益彰。整个庭院内以福建山区最常见的竹林为主，新竹与老竹青黄交织，别有风韵。

保留的老宅与乡土的建筑和旁边三栋小洋房形成了强烈的对比，希望通过游客对这座小房子的注目与喜爱，慢慢改变村民的看法，慢慢少建小洋楼，多一份对本土传统建筑的尊重与喜爱。

1	2
3 4 5	6 7

1. 建筑鸟瞰　5. 走廊
2. 茶棚借景　6. 建筑全景
3. 观景台　7. 竹客厅
4. 次入口

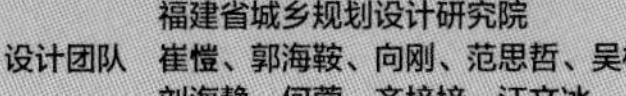

设计单位　中国建筑设计研究院有限公司
福建省城乡规划设计研究院
设计团队　崔愷、郭海鞍、向刚、范思哲、吴树参、
刘海静、何蓉、齐培培、江文冰

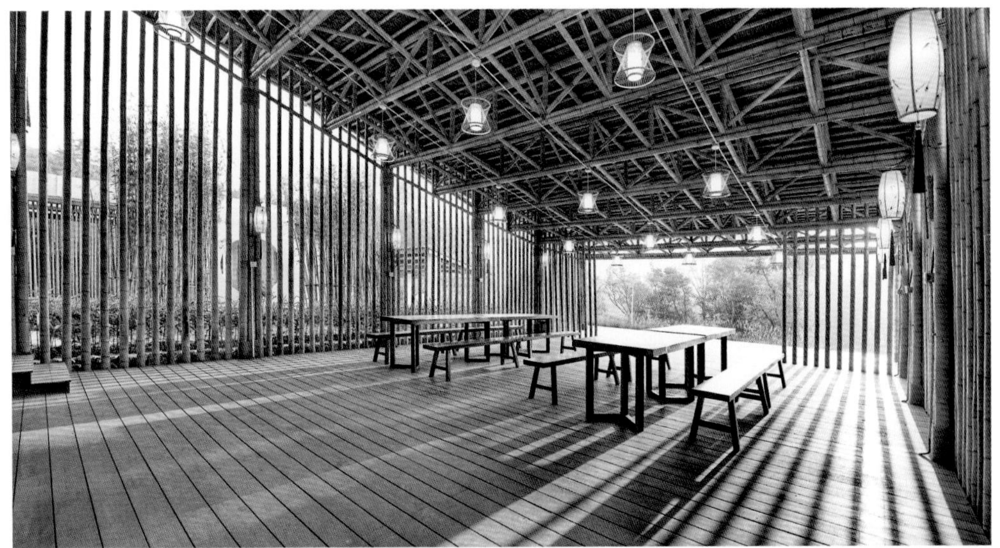

晋江五店市闽南传统剧院

项目地点　泉州市晋江市五店市历史文化街区
竣工时间　2018年

剧院位于晋江市五店市历史文化街区内，西侧为梅园路，其他三面为保留的传统闽南红砖厝。剧院位于历史文化街区内，设计中在考虑功能需求的前提下，还应与周边环境相协调。

建筑主体结构采取了钢筋混凝土结构，解决了开敞无柱大空间的需要。将三层高观演空间置于平面中心，使高度与周边传统建筑相协调。在外立面处理上，采用红砖、晋江白等传统材料及传统工艺，并利用传统的石柱分割、多种材料混合使用、相同材料多种砌法等多种手段，使外立面无论在尺度上还是在风貌上均很好地融入历史文化街区。

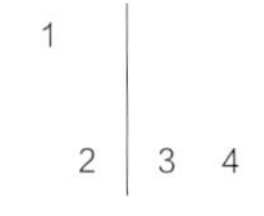

1. 主入口透视
2. 鸟瞰图
3. 剧院大厅
4. 外立面细部

设计单位　北京清华同衡规划设计研究院
设计团队　霍晓卫、张冲、黄浩彦、王和才

谷文昌干部学院

项目地点　漳州市东山岛
竣工时间　2018年

设计以遵循传统为脉，留住乡愁为魂，试图通过对闽南建筑传统空间和建筑语汇进行转译，从而实现本土传统建筑的现代诠释。总体规划利用建筑与近海、远山的序列式对景关系；建筑群取用多重院落形态，做到布局有致，主次分明，以闽南传统民居、传统书院的空间模式为原型，建构层次丰富的院落、檐廊、骑楼、广场空间。

单体构成上参照了厝、埕、檐廊、骑楼等传统建筑模式，构造细节上拮取了闽南建筑特有的燕尾脊、双坡曲屋面、石雕窗格、砖雕墙身等造型符号，加以提炼与重构，达成具有浓郁闽南地域特色的使用感受和视觉体验。

1. 建筑全景
2. 材料与装饰
3. 广场透视
4. 主入口广场透视

设计单位 中国建筑科学研究院有限公司
设计团队 林鹏鸿、庄岩、胡海宇、龙国梁、王红升

福建德化县红旗瓷厂历史风貌区保护提升工程一期

保留与重塑：保留并修复起步区中的亨鲤堂古厝，因古厝本身结构完整，具有非常典型的闽南民居特色；核心区中的红砖厂房因其独有的锯齿型屋面，开敞的大空间等特点，与文创功能不谋而合。

红砖艺术：场地东侧的休息平台立面及栏杆扶手采用了红砖镂空砌筑，将泉州本地的红砖建造技艺体现其中，与景观设计一同营造乡土文化。

新材料与地域性材料的应用："Z"形连廊的结构及屋面采用钢框架及镜面铝板等现代材料，维护结构采用了本地常见的竹子作为幕墙，工业化与地域化材料完美结合。

1 | 2
  | 3
4 | 5 6

1. 半鸟瞰
2. 建筑远景
3. 景观节点
4. 总平面图
5. 红砖镂空砌筑
6. 航拍全景

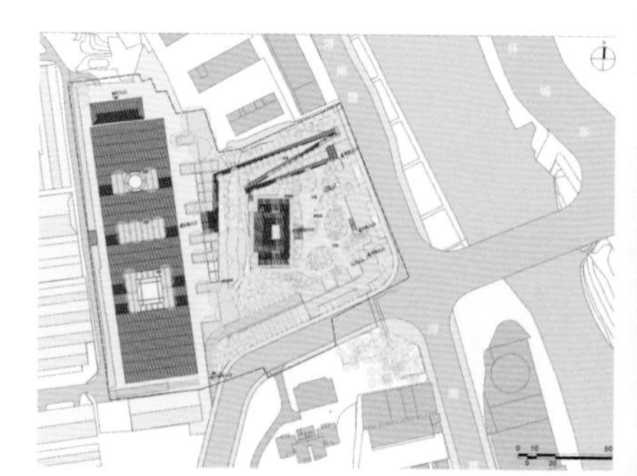

项目地点　泉州市德化县
竣工时间　2018年

设计单位　中国建筑设计研究院有限公司
设计团队　崔愷、郭海鞍、向刚、王冉、于然　等

福州海峡文化艺术中心

项目地点　福州市仓山区南江滨东大道
竣工时间　2018年

设计灵感来自福州市市花茉莉花。五片“茉莉花瓣”承载了歌剧院，多功能剧院，艺术展厅和电影中心的功能。五座单体建筑由中央文化大厅及其屋顶露台连接，同时包括了公共服务，商业及休闲设施。屋顶露台可通过茉莉花花园的两个坡道以及中央茉莉花广场进入，提供从文化综合体到闽江江畔景观的无缝衔接。

设计将大型综合体划分为更独立的单元，使文化艺术中心更具人性化。每栋建筑都有一个核心区域——一个半公共的弧形走廊。沿着建筑主立面的弧度，将公共室内空间与建筑物周围的茉莉花园景观融为一体。

歌剧厅和音乐厅的内部表面覆盖着陶瓷板——雕刻瓷砖和马赛克瓷砖，适用于实现高质量声学效果所需的形状，同时满足设计视觉语言的表达。

建筑主立面的陶瓷百叶截面形状为椭圆，与建筑物的形式产生一种呼应的关系，也最大化了巨大的玻璃幕墙的遮阳能力。

1 | 2
3
456 | 78

设计单位　中国中建设计集团有限公司（设计总包）
联合设计：芬兰Pes建筑设计事务所
设计团队　Pekka Salminen（佩卡·萨米宁）
　　　　　徐宗武（中方首席建筑师）

. 黄昏鸟瞰
. 航拍“茉莉花”
. 歌剧院大厅
. 立面覆盖白色瓷砖和百叶窗
. 音乐厅
. 外观局部
. 歌剧院的弧形走廊
. 影视中心外立面

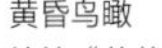

泉州歌舞剧院

项目地点　莆田市湄洲岛
竣工时间　2018年

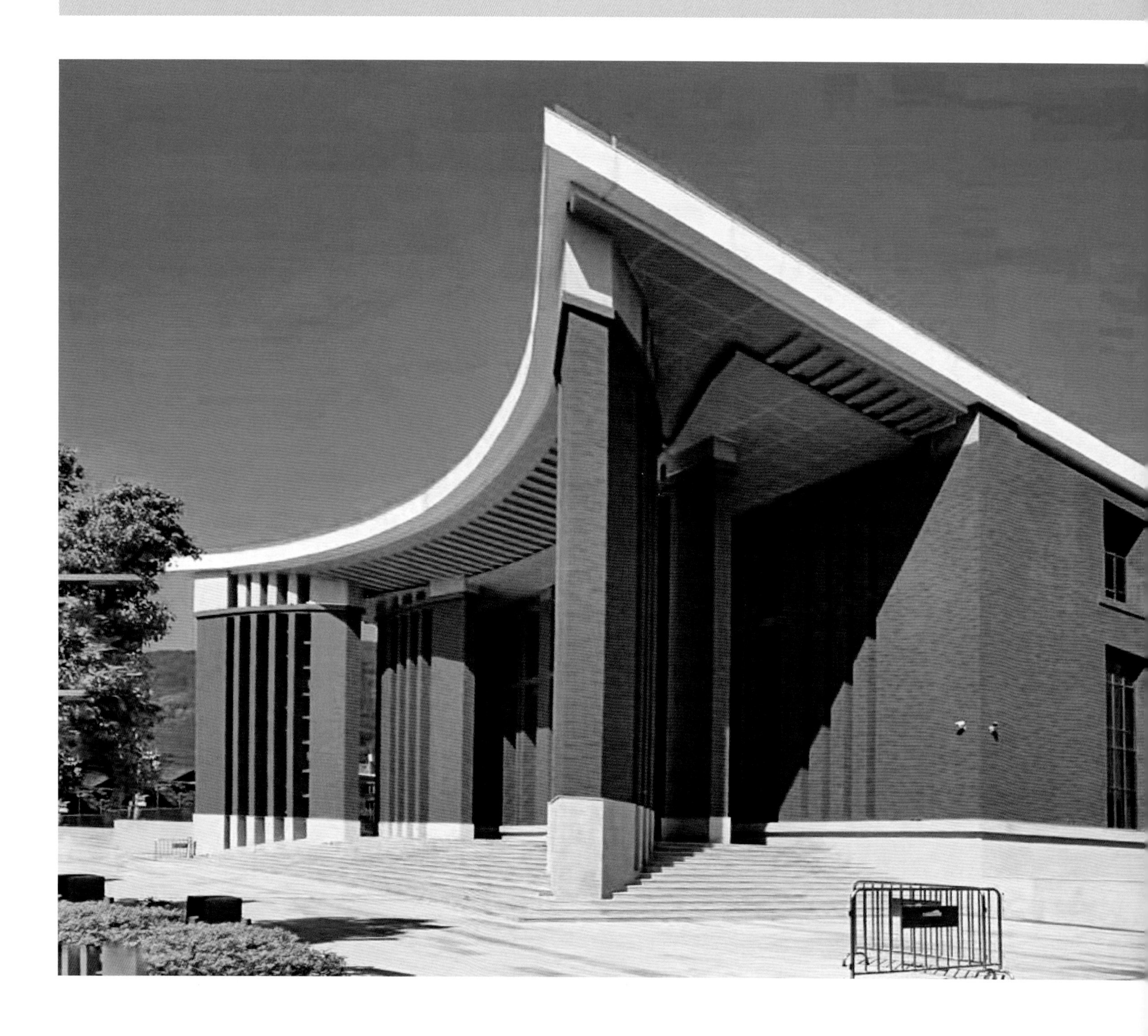

泉州歌舞剧院位于泉州市北峰片区泉山路，拥有600个观众席位。设计吸取泉州传统建筑的精髓——红砖白石翘屋脊进行现代化演绎。

将多组曲面的屋顶排列组合，并置错动，塑造出轻歌曼舞的独特天际轮廓线。红砖墙采用三种砖红色面砖贴面，竖向开窗疏密有致，创造出富有韵律感与节奏感的外立面形态。歌剧院主入口门廊设计了层叠的弧形片墙，片墙采用白石墙基，墙面嵌泉州传统的门窗镂花，依次展开的弧形片墙似缓缓拉开的大幕，预示着精彩的大戏即将上演，塑造了一个既有地域风情又有歌舞剧院独特韵味的建筑形象。

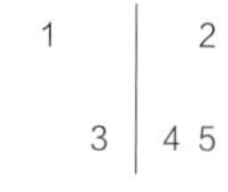

1　2
3　4 5

1. 建筑外观
2. 层叠片墙
3. 半鸟瞰
4. 主入口
5. 韵律感的天际线

设计单位　福建省建筑设计研究院有限公司
设计团队　林蔚然、蒋昌铆、陈宗旭、阮永锦

海峡商务中心

项目地点　莆田市湄洲岛
竣工时间　2018年

项目位于莆田市，在建筑立面设计契合莆田传统民居的地域特色，建筑主入口设计凸显莆田传统建筑双曲面红瓦屋顶的意向，外墙面色彩采用具有莆田特色的荔枝“红”。

红楼红顶翘脊飞檐，突显莆田地域建筑特色，提高整体辨识度。

1	2
3	4 5

1. 建筑外观
2. 沿河透视
3. 鸟瞰
4. 主入口
5. 城市天际线

设计单位　福建省建筑设计研究院有限公司
设计团队　黄乐颖、林顺福、黄汉民、陈素娟、林铭星、张泽泉

厦门国际会展中心 B8、B9 馆

项目地点　厦门市思明区
建设时间　2019年

厦门国际会展中心B8、B9馆是第28届中国金鸡百花电影节颁奖典礼的主会场。

在建筑造型和内部空间的设计都充分融入闽南传统文化，采用了具有闽南传统建筑特色的屋顶挑檐、窗花等建筑元素，外侧的柱廊与本地骑楼建筑相呼应，既有南方建筑轻盈通透的特性，又不失庄重。

在空间上充分考虑与厦门国际会展中心和国际会议中心的协调关系，整合城市边角空间，让会展片区的沿海城市界面更加完整，同时功能上形成以展览、会议、演艺、庆典等丰富多样的城市功能空间。

在功能上充分考虑电影节颁奖典礼与日常使用的不同需求，舞台和观众席都可以根据需要灵活布置，座椅采用了灵活拆卸的设计，可根据使用需求来改变内部空间格局，最多可容纳7000个观众坐席。

1. 鸟瞰
2. 主立面透视
3. 主入口
4. 挑檐细节

设计单位　中元（厦门）工程设计研究院有限公司
设计团队　涂斌、彭泽富、詹重桂、陈凯、柯志超

福清市老年活动中心

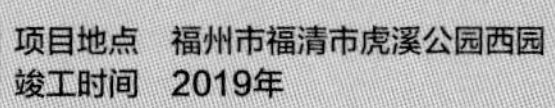

项目地点　福州市福清市虎溪公园西园
竣工时间　2019年

设计延续福建传统建筑院落式空间布局，以庭院为中心串联步移景异的空间。

色彩上传承闽派建筑白墙黛瓦的特色，并以现代的语言加以转译；以现代材料重构传统符号，旨在创造一个内外渗透、宁静优美、适合老年人需求的中式“园林化”建筑。

设计单位　福建省建筑设计研究院有限公司
设计团队　林经康、吴昕、林忠、周畅、张沅琳、陈飞

1. 夜景鸟瞰
2. 航拍总平面
3. 夜景透视
4. 主入口日景

东南燕都产业园

项目地点 厦门市海沧区
竣工时间 2019年

整体规划布局以人为中心，以整体社会效益、经济效益与环境效益三者统一为基准点，着意刻画优质生态环境和丰富的景观环境，同时结合东南燕都企业的特点和需求，为工作人员和办公人员塑造自然优美、舒适便捷、卫生安全的产业园区。综合考虑建筑风格及气候特点，外立面采用新型海蛎壳饰面外墙，一款就地取材，价格低廉，维护方便，耐候性、耐久性强的原生态材料饰面。外墙饰面总面积28100平方米，约回收使用了150万个废弃海蛎壳，环保生态的同时体现了地域特色。将生态环境保护、建筑可持续发展落到实处。

设计单位　厦门合立道工程设计集团股份有限公司
设计团队　林秋达、曾光、王小菊、张凌波、甘魁伟　等

1	2
3 4 5	6 7 8

1. 沿街透视
2. 中庭鸟瞰
3. 中庭透视
4. 建筑局部
5. 建筑透视
6. 屋顶花园
7. 牡蛎壳墙面与绿坡
8. 空中连廊

武夷山茶旅小镇会展中心

项目地点　武夷山市
竣工时间　2019年

设计从形体组织、材料运用及细部处理等多层面入手，塑造会展中心建筑的“俊秀、雅致、醇厚”气质。建筑的四个主功能体块方正厚重；主入口体块通过向外突出的灰空间设计和向内退阶的檐口设计呈现出开放迎接的姿态；贯通建筑主立面的室外檐廊，使建筑典雅且具有韵律之美；屋顶造型意象来源于武夷山漂流竹筏，展现武夷山本土文化。

设计单位　东南大学建筑设计研究院有限公司
　　　　　福建省建筑设计研究院有限公司
设计团队　齐康（顾问）、王彦辉、黄乐颖、林顺福、
　　　　　张泽泉、陈夏滨

1. 入口主立面透视
2. 立面局部
3. 会展主入口
4. 柱廊局部

仙游县鲤南镇温泉度假村

项目地点 莆田市仙游县
竣工时间 2019年

为创造秘境的景观园林，该项目建筑布局将主要建筑群沿街布置，内部设置大景观，泡池融合在景观中。建筑平面空间形态借鉴中国传统建筑的庭院空间形态，采用仙游传统的“合厝大院”布局方式，中轴对称，“丁”字型展开，多间多进。同时，延续传统建筑一贯采用的坡屋顶，古法新做，用简化和意蕴的设计手法表达。在建筑立面上，采用粉墙黛瓦，简化的燕尾脊，通过朴素、典雅的颜色，穿插少量的亮色，追求古朴而又不失现代的亲和感，白墙灰瓦红窗，古朴典雅之余更体现出中国人内敛的文化性格，将中式语言现代化。

此外，度假村的景观工程也将沿袭建筑设计风格，整体采用传统的造园手法加现代的景观设计要素，营造出“小桥流水、曲径通幽、步移景异”的氛围。

设计单位　福建省建筑设计研究院有限公司
设计团队　林顺福、黄汉民、陈夏滨、董伟琦

1. 沿街立面鸟瞰
2. 内院透视
3. 内院温泉泡池
4. 内院俯瞰
5. 庭院景观
6. 内院景观俯瞰

漳州龙海市月港中心小学

项目地点　漳州龙海市
竣工时间　2019年

龙海市月港中心小学共36班。项目外立面设计上汲取了龙海月港古民居的建筑风格，大气中不失细节，整体色彩鲜艳，吸取鲜明活泼的元素，化为一种活泼大方的空间感观，让学生及教学人员身处其中更能感受到本土文化浓郁的气息，营造更加良好的学习文化氛围，并促进当地文化在学校中的郁郁生长，永久留存。

设计单位　福建省建筑设计研究院有限公司
设计团队　黄乐颖、黄晓冬、张文裕、陈夏滨、林晶晶

1. 学校全景透视
2、3、4、5. 教学楼透视
6. 内庭院透视

厦门万丽酒店

项目地点　厦门市同安区环东海域
竣工时间　2019年

项目地处厦门同安区环东海域。建筑造型和平面均采用向外张扬的风格，犹如展翅飞翔的海鸟；并与福建传统的闽南临海生活相结合，建筑色调清新、淡雅，令宾客足不出房即可享受海洋气息。

建筑与文化：厦门地处沿海，设计结合闽南地域文化、现代美学，为厦门城市现代酒店建筑添加亮丽一笔。

建筑与环境：通过酒店内绿景与花园庭院的穿插组织，构成景观的大框架，使得各个区域空间均有良好的景观感受。

建筑与造型：造型犹如海鸟之翼，取其抽象的形态，创造一系列灵动的效果，以闽南的海洋元素给客人营造不同的既视感。

建筑与节能：利用外立面出挑舒展的檐口造型，使建筑更具动感，同时避免了阳光的直射，使建筑能耗大大降低。

设计单位　厦门合立道工程设计集团股份有限公司
　　　　　FSC ARCHITECTS事务所
设计团队　徐抒炜、黄思达、陈健榕、曹林峰、王艳玲　等

1. 全景鸟瞰
2、5. 内院景观
3. “海鸟之翼”
4. 城市肌理

福州第三中学教学办公综合楼扩建

项目地点　福州市鼓楼湖东路43号
竣工时间　2019年

设计单位　福建省建筑设计研究院有限公司
设计团队　任希、陈晨、郭亮、陈文星

1 | 2 3 4 5

1. 主立面透视
2. 连廊
3. 入口大台阶
4. 校园后区局部
5. 校园厅堂

福州第三中学坐落于榕城风景秀丽的西湖之滨。校园用地局促，古榕荫荫。设计以“榕脉”为起点，谦让于环境，形成与自然对话、共生的多元“场所”，体现整体空间理念和绿色校园的文化内涵。

建筑谦让于四棵荫荫古榕，立体架空连接南北校区。榕脉气息萦绕于学堂，在捉襟见肘间营造出集文化、科学、人文于一体的“校园厅堂”。地段临近三坊七巷，设计在展示现代建筑风采之时，以色彩、材质体现对历史片区的呼应。

“校园厅堂”迎东南敞开，东南风穿“堂”入室。利用屋面、平台种植绿化，营造立体绿色平台，结合立面设计横竖遮阳，适应福建本土气候特点。

苍霞中平路特色历史文化街区

项目地点　福州市台江区
竣工时间　2019年

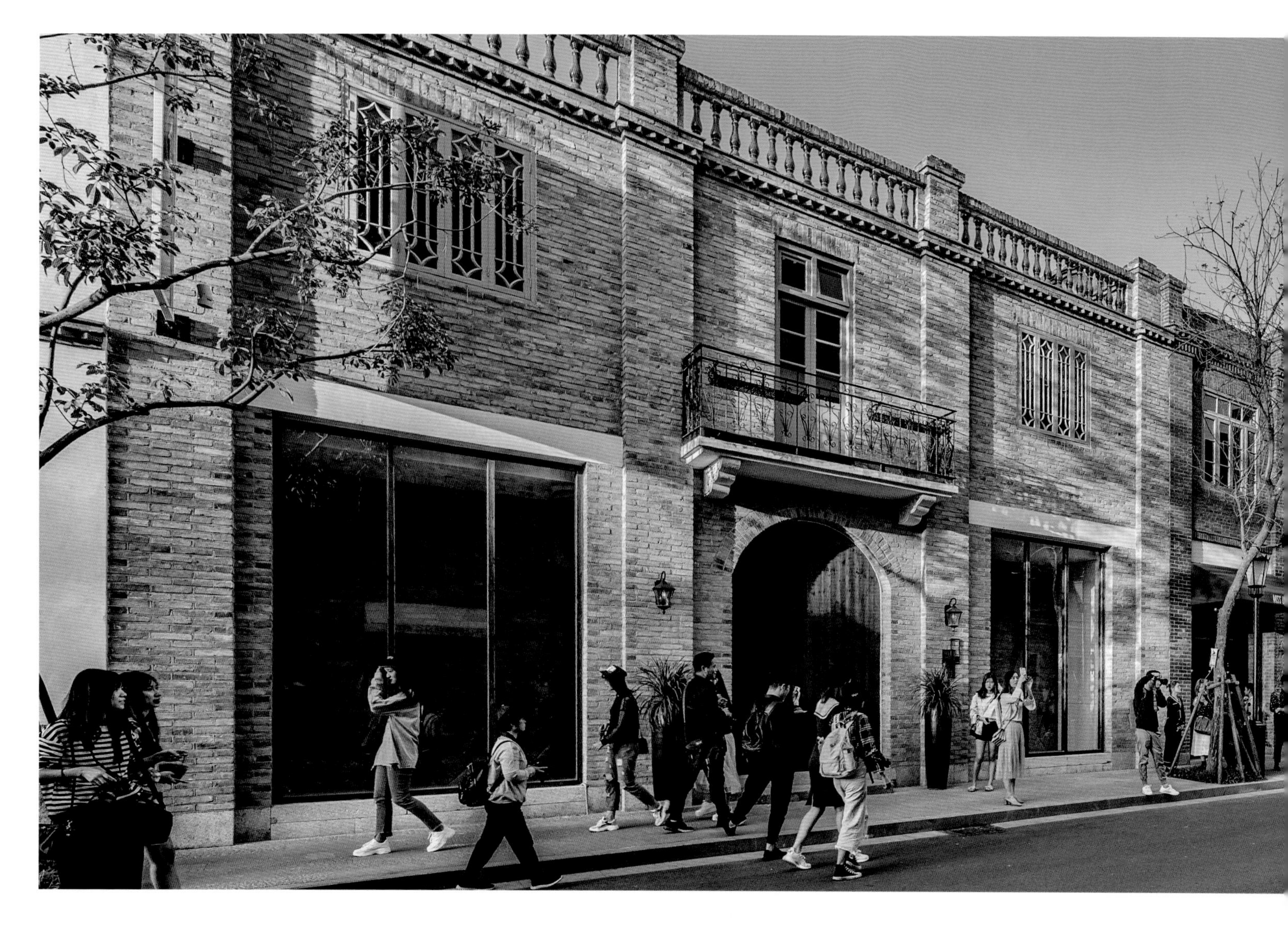

设计中遵循“修旧还旧”的原则和“审慎甄别，分类保护与整治”的原则，对中平路的历史建筑开展保护设计工作。从而为苍霞特色文化街区的打造奠定了基础。修缮后的历史建筑等街区物质载体将通过“业态活化”利用，引入文化展示、体验、商业、休闲、旅游、创意等活态第三产业，将文化韵味与现代功能相结合，赋予街区建筑遗存及其依托的环境以新的风采和魅力，力求恢复百年苍霞的盛世风华。

设计中把苍霞原有的人文元素如古榕树、茶亭、戏曲等融入到现代社会的语境下，使安宁的居住环境与热闹的商业氛围、人文旅行的体验与

设计单位　福建清华建筑设计院有限公司
设计团队　江山、高扬、周宇、郑宗喜、林俊涵　等

自然景致的享受都能兼收并蓄。在纵横的街巷和密集的肌理之中，设置不同大小尺度的公共开放空间，在维护原有的场地形态下，对空间进行不同程度的点状激活，为人们提供更多大小合宜、功能多样的共享场所。

1 | 2
3 4 5 | 6 7

1. 原邱德康烟行
2. 中平路66~72号之一
3. 德敬弄历史建筑
4. 中平路66~72号之二
5. 中平路87号周边
6. 原中平旅社
7. 原南方日报社

永阳古街活化与再生设计

项目地点　福州市永泰县
竣工时间　2019年

以重现老城历史、保护老城风貌，延续老城脉络的理念，聘请街区内原住文人、手工匠艺人参与古建筑的修缮改造，力求在展示永泰历史风貌的同时通过创新业态让古城焕发新生机，将古城打造成为永泰县人文旅游名片。

活化设计中，秉持着“修旧如旧”的原则，重建四大书院之一的景行书院；对路口外立面、仰止楼到北门路段进行改造；对街区两侧建筑则按当地形制进行改造，增加跑马廊、披檐，院墙入口增加门头，原有墙体按传统手法改为壳灰饰面，局部墙面仿夯土，在新建的院墙添加当地传统墙

设计单位　福建清华建筑设计院有限公司
设计团队　江山、郑宗喜、余传强、翁晨、许宗尚　等

帽，并对保留的旧院墙做玻璃维护，加以点缀提升景观。地面改造为当地传统石板路，对无勒脚房屋新贴传统石材勒脚。

展现复原古街老巷，挖掘了街区内文化内涵，还原永泰古城历史，体现了传统与现代的结合。

1	2
3 4 5	6 7

1. 登高路164号周边整治
2. 登高路172号周边整治
3. 老建筑活化——时光咖啡
4. 景行书院主座前天井
5. 登高路北入口牌坊
6. 景行书院泮池
7. 登高路130号周边整治

泰宁御品苑

项目地点　泰宁县城西
竣工时间　2019年

设计在满足泰宁“丹霞之城”的总体规划下，展现泰宁“杉阳明韵”的地方美学。

建筑风貌在传承传统粉墙、黛瓦、坡顶、马头墙的基础上，注入闽西北传统木构民居的门牌楼、吊脚挑廊、骑楼等独特的造型元素，充分展示了泰宁当地建筑风貌。

1-3. 建筑透视
4. 架空层廊道
5. 内庭院
6. 住宅入口透视
7. 照壁

设计单位　福建省建筑设计研究院有限公司
设计团队　林经康、吴昕、林忠、周畅、张沅琳、陈飞

前洋农夫集市

建筑利用山边两座废旧的老宅改造，修旧如旧，完全保持了原有的风貌。

新建的一层连廊和小亭子，随坡就势、蜿蜒回转，将两栋民房串接起来，形成了新旧交替，步移景异的室内外空间。从入口的乡村学堂、媒体教室到立面的精品展厅、体验空间、茶亭小筑，参观流线长达300多米，不仅能够学习丰富的种植养殖知识，还能充分体验乡土建筑特色和现代田园生活。

建筑界面采用折面屋顶，如同村庄的剪影，房子不高，后面的老屋犹在，形成山地建筑群特有的错落感。屋面采用当地传统的青瓦铺设，深瓦白脊，特色鲜明，立面采取钢结构与木结构相结合，既传统而又现代，是福州山区传统建造与现代技术的有机结合，也是福建新乡土建筑的一次探索。

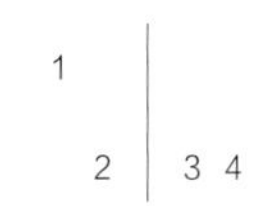

1. 外观
2. 入口后的曲廊
3. 庭院
4. 沿街外观

设计单位　中国建筑设计研究院乡土创作中心
　　　　　福建省城乡规划设计研究院
设计团队　郭海鞍、向刚、范思哲、刘海静、吴树参、
　　　　　刘慧君、齐培培、江文冰

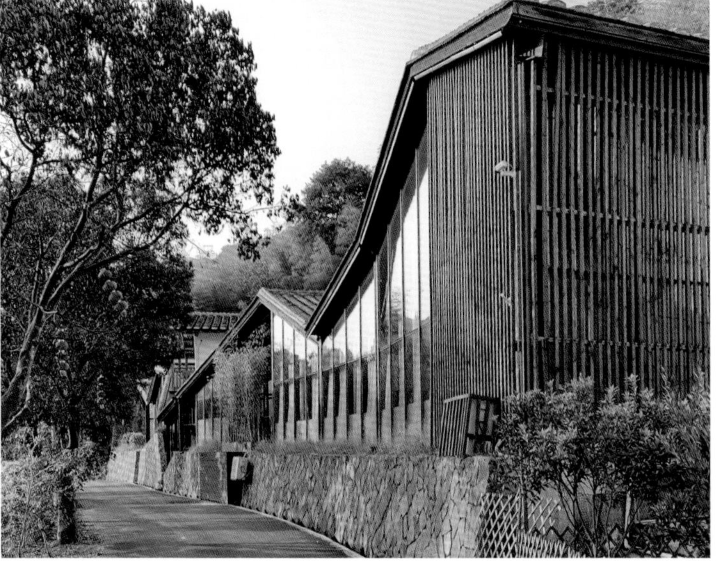

先锋厦地水田书店

项目地点　宁德市屏南县厦地村
竣工时间　2019年

一栋老房子残存的三面土墙内，新的建筑介入，废墟获得重生。新的混凝土结构在剖面上形如一只鸟，两面书墙如同鸟足轻轻落地于房子中央，两层楼板如翅膀左右展开，在边缘与土墙相接。新老建筑的结合，是闽派传统建筑革新的新实践。

在房子最中心，混凝土结构又被一根钢柱穿透并在屋顶形成一个伞形遮盖的半室外空间，犹如田野中的一个凉亭。伞形结构的双坡屋顶，其位置和形态如同老房子曾有过的屋顶的幽灵，但不再是木结构，而是钢结构与钛锌板屋面形成的一种转译。伞形结构通过主梁悬挑，荷载全部汇聚于唯一的钢柱，将重力汇集于房子的中心。

土墙与混凝土书墙之间形成封闭内向的书店陈列空间，直到最西端的悬挑部分形成外向的咖啡厅空间，在此与厦地古村的风景对话。两面书墙之间界定了建筑内部尺度最大的空间——小剧场，成为在狭小空间之后意外发现的惊喜。光，通过折线形的楼板与土墙之间的缝隙，从顶部进入，在某些时刻，充分描绘土墙的沧桑。

设计单位　迹·建筑事务所（TAO）
设计团队　华黎、栗若昕、翟冬媛、程相举

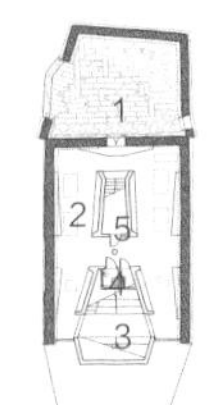
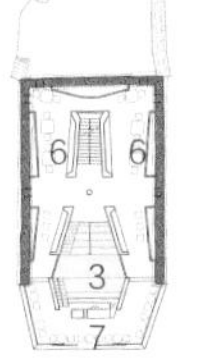
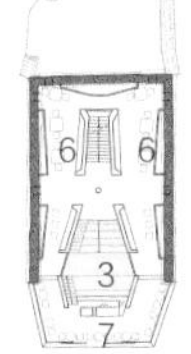
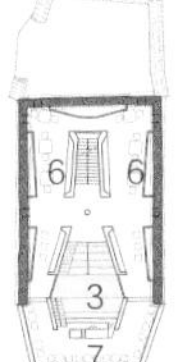
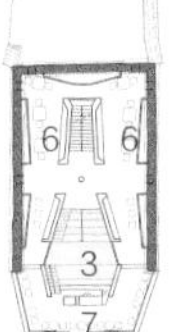
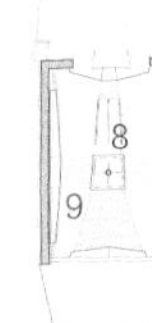
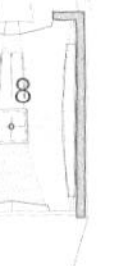

1
2
3 4 5 6 | 7 8 9

1. 水田中的书店
2. 平面图
3. 书店前院
4. 内部空间
5. 伞型结构
6. 咖啡厅
7. 紧贴夯土墙的采光井
8. 书店正门
9. 乡间小路至书店

长泰县十里村石帽

项目地点　漳州市长泰县
竣工时间　2019年

本项目周边以丘陵为主，远眺有少量低山和一些香蕉果园，草坪开阔，植被繁茂。该地块呈纺锤形，中心区域较大，两端较狭长，南北向呈45度角，地势相对于周边区域较高而成台地状，拥有极其优越的自然景观。

结合地形做出不同的三层建筑形态，整体错落有致，黛瓦白墙，红木窗结合绿树红花交相呼应，构造出恬静，高雅的小区景象。以中心主环道为组织纽带，沿主环道布置各组团空间，街道尺度逐层组成，形成主要车行空间，街道空间，巷道空间等多级空间形式。并在各个空间设置不同的绿化空间，让住宅融于街道与景观之中。在建筑的艺术风格和装饰上，厦门红砖古民居浓妆艳抹、绚丽多姿，雕饰华丽。

从总体布局、院落空间、建筑形态到各种构建的造例以及装饰、装修彩画等细部设计方面，都以寓意或象征的处理手法赋予一种理念，诸如儒、释、道等伦理道德、宗法、宗教理念和历史典故、神话传说。在建筑文化内涵上，表现出极强的宗教家族观念、伦理观念和天人合一的思想。

设计单位　福建绿城建筑设计有限公司
设计团队　张秋皇、陈俊杰、林琳、彭浩文、郭剑峰

1

2 3 4 | 5 6

1. 屋顶透视
2. 入口广场
3. 入口景观
4. 庭院透视
5. 庭院入口
6. 夜景鸟瞰

武夷新区“天圆地方”建筑群

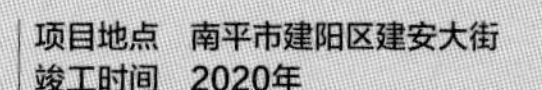
项目地点　南平市建阳区建安大街
竣工时间　2020年

武夷新区在著名的世界文化与自然双遗产武夷山附近，设计师希望武夷新区“天圆地方”建筑群能够平和内敛，就像传统土楼的方和圆就是与自然融合，带有空间的合理性和文化的自我认同。

在建筑单体设计中，设计师从提炼传统颜色、精研传统细节入手，体现新闽派风格。在色彩上设计师提取传统民居建筑的三种颜色深灰色、白、灰作为建筑的主色调，分别对应屋顶，墙体和基座，延续传统民居配色；在建筑形式上，设计师采用传统殿宇的形式，在台基上构筑建筑，整体沉稳端庄；在细节处理上，设计师对墙面进行了竖向划分，在入口处加入从传统建筑中提取的构架，形成具有文化性和地域性的新闽派建筑风格。

通过武夷新区“天圆地方”建筑群的设计探索一个兼具都市性、文化性、以场所气韵为出发点的新闽派建筑表现方式。

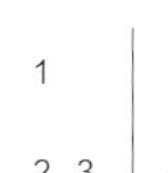

1. 建筑群鸟瞰
2. 博物馆透视
3. 大剧院透视
4. “天圆地方”鸟瞰

设计单位　天津大学建筑设计规划研究总院有限公司
设计团队　顾志宏、王建午、牛晓菲、边哲、梁维佳、孙亚宁、张波

寿宁东区中学（一期）项目

项目地点 宁德市寿宁县城关
竣工时间 2020年

“寿宁东区中学”项目位于福建省宁德市寿宁县城关。

将生态寿宁山水形象抽象化，简约化，提取寿宁的生态内涵，与现代建筑有机结合的方式，创造整个建筑的生态特征，象征山形的屋面与山体更好的融合。

汲取寿宁廊桥建筑特征，成为联系师生、校园与社会的纽带。建筑结合山地的高差，与自然、周围的环境相融，青瓦坡屋面与山体景观得到最大限度地融合，营造出极具寿宁文化特色的校园建筑。

设计单位　福建博宇建筑设计有限公司
设计团队　原滔、黄卫明、柯宇青、吴昌先

1　2 3 4 | 5 6

1. 主入口
2. 教学楼
3. 夜景透视
4. 内庭院
5. 鸟瞰
6. 运动场

莆田学院迁建项目

项目地点　莆田市涵江区
竣工时间　2020年

设计单位　厦门中建东北设计院有限公司
设计团队　张道正、李洪泽、郑建义、卢炳祥、李牧江、蔡一鹏、陈荣杰

建筑群引入了福建山地建筑“泛交往平台”和“院落空间”两个概念。

宿舍区由两个主体院落组成，其中主体院落又由多个单体宿舍院落组成。单体院落和主体院落之间融会共通，形成具有良好互动的空间组织。通过主要庭院拾阶而上，同时古树庭院、单体庭院和主体庭院的空间穿插结合。

建筑以组团的形式分布，个性化的庭院大小错落却又相互联系。景观采用现代几何形态，空间可识别性强，提供一个灵活，非程式化的空间，激发校园活力。音乐厅采用帷幕揭开的设计理念，结合古树广场，将音乐学院琴房音乐厅组成一个整体。

1
2 3

1. 音乐厅
2. 食堂
3. 教学楼

官浔溪驿站

项目地点　厦门市同安区滨海西大道
竣工时间　2020年

设计单位　厦门合立道工程设计集团股份有限公司
设计团队　魏伟、陈宏、郑思洋、何晓润

福建民居有对屋顶进行局部切割，以达成特定视觉效果甚至空间错觉的传统。官浔溪驿站也采用了类似的手法，将两组连续的双坡屋顶，在正对主入口一侧的单坡进行局部的切割，制造双坡屋顶并不对称的错觉，给人错动而灵活之感。刻意压缩的尺度感，拉近了人和树的距离，建立了人、树、建筑之间的“近”，让树形优美的小叶榄仁成为空间的焦点，营造了山水画中斋仅容膝的尺度感。

坡屋顶强调材料的单一性，让屋顶成为和其他部分截然脱开的完整物体，漂浮在草地的上方。深色的直立锁边铝镁锰板屋顶，以类似挂瓦屋面的形态，与绿色的周边环境和木色的建筑主体脱开，漂浮于地面之上；底面则为木纹金属板，与立面的木纹格栅融为一体，营造与传统民居感受一致的檐下空间。

1
2 3

1. 入口透视
2. 侧面透视
3. 庭院透视

环东海域城市有氧园驿站

项目地点　厦门市同安区石浔南路
竣工时间　2020年

场地正面为马拉松跑道，背面为小叶榄仁林，建筑以三个分散扭转的体块，让森林穿透建筑的缝隙。正面围合出拥抱跑道、迎入人群的态势，背面则以坚实的白色墙面半藏于林间。背面的白墙采用鼓浪屿老别墅常用的水刷石，正面的玻璃配合木纹饰板与格栅，兼具清新的自然质感与在地的文化记忆。

福建民居常在四合院或者排屋的基本原型上作出变化，通过二层体量的扭转，或是中部增设独立的凉亭等做法，打破合院建筑的组团感，转而塑造多个独立的体量。城市有氧园驿站的体量布置即受此影响，中间体量设二层，让它成为建筑群中的焦点；建筑体量采用折面屋顶，随着角度的彼此错动，屋顶呈现不同的方向与状态，强调彼此的独立。此外，配套的卫生服务空间位于与主体建筑群脱开一定距离的下风

设计单位　厦门合立道工程设计集团股份有限公司
设计团队　魏伟、陈宏、郑思洋、何晓润

向，与主体部分的屋顶构成交错的立体构图，从马拉松赛道方向形成传统村落屋顶漂浮而错落的意向。

每个体块以折面屋顶同平顶的连廊脱开。连廊的底面制造灰空间，连接不同体块，顶面则部分作为活动平台，提供不同标高的体验。

1. 沿赛道透视
2. 平面图
3. 二层透视
4. 立面细节
5. 灰空间透视
6. 二层透视

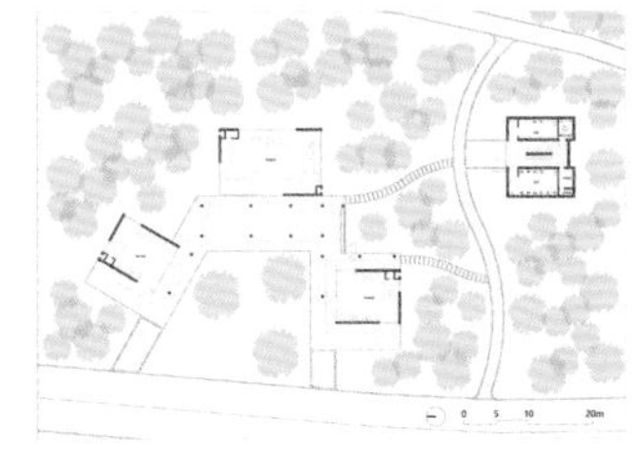

环东海域浦头村驿站

项目地点　厦门市同安区滨海西大道
竣工时间　2020年

埔头村驿站地处被马拉松跑道与城市快速路两面环绕的重要节点为均衡不同方向的视觉感受，选择致敬土楼的方式，在大圆的空间框架下，将建筑切割成三个半径略异，弧长不同的体块，再连接以圆形廊道。核心内院在土楼向心性院落基础上，汲取了闽南传统聚落中“依榕而居”的空间原型，让核心从祭祀先人的礼仪性空间，转向礼赞自然的景观性空间。连廊和植树内院一起，围合了尺度适宜的灰空间，提供了一个充满公共性活动的过渡。

建筑的屋顶也在汲取土楼元素，采用弧面单坡。外部形象接近于土楼，使建筑符号化并诉诸文化记忆的标志性形象。内部则在连廊以上的高度建立一个由反射天空的玻璃和出挑的弧形屋檐构成的新的视觉层次，避免内外均质的双坡屋顶可能带来的沉闷感。在塑造漂浮于林间的屋顶的同时，单坡屋顶还抬高了内侧的屋面，在檐下形成了约2米高的弧形天窗，创造了民居中常有的天窗采光的室内感受。

设计单位　厦门合立道工程设计集团股份有限公司
设计团队　魏伟、陈宏、郑思洋、何晓润

1	2
	3
4 5	6 7

1. 鸟瞰
2. 灰空间透视
3. 内院透视
4. 驿站景观
5. 主入口透视
6. 灰空间
7. 场地景观

美峰——厦门马拉松起点站

项目地点　厦门市同安区
竣工时间　2020年

屋顶覆土并植草，以柔和的形态，成为从大地掀起的一道缓坡，一座山丘。仿佛从自然界生长出来一般，和谐地融入滨海的自然环境，让建筑实现山与海的对话。符号性的地域建筑元素在此被消解，代之以对区域地理要素的抽象模拟。

设计单位　厦门合立道工程设计集团股份有限公司
设计团队　何晓润、魏伟、郑思洋、陈宏

1. 建筑层次
2. 空间轴线
3. 下沉庭院夜景
4. 屋顶
5. 水景
6. 鸟瞰
7. 台阶与屋顶

三明生态康养城服务中心

项目地点　三明市沙县
竣工时间　2020年

设计单位　福建东南设计集团有限公司
　　　　　中科院建筑设计研究院有限公司（厦门分公司）
　　　　　上海日清建筑设计有限公司
设计团队　宋照青、石璐、邓时龙

设计提取了自然元素“山”，结合当地特色的传统建筑文化，融入水的柔美与田园的闲适，用新时代的设计语言、设计手法，应用新技术、新材料，将福建山地城市的建筑文化特色体现的淋漓尽致。

1. 鸟瞰图
2. 总平面图
3. 室内环境
4. 景观意境

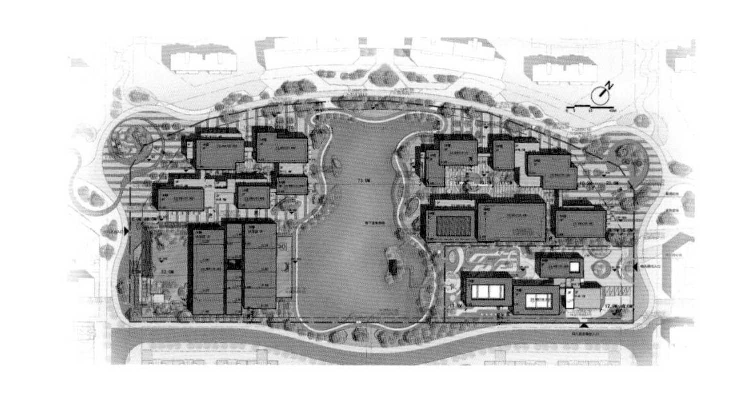

泉州北站综合交通枢纽站

项目地点　泉州市惠安县
竣工时间　2017年

设计单位　博亚（福建）建筑设计有限公司
设计团队　王伟忠、吴文语、黄耿嵘、陈江华、庄少滨　等

泉州北站综合交通枢纽站主站房共三层。站前广场装饰景观绿化，设有旅客休息亭和休息长廊。

立面设计沿袭闽南风，墙体采用红砖铺设，屋顶为闽南式燕尾脊、采用红瓦铺设。并设计了天窗引入自然采光通风，提升室内环境舒适度。立面造型设计注重细部的刻画和比例尺度的处理，外墙部分采用花岗石板材，并引入惠安当地引以为傲的石雕，刻画了惠安女的形象及其劳动生活的场景，尽展惠安风情。

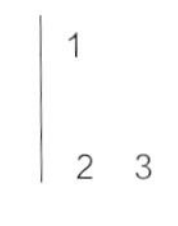

1. 鸟瞰图
2. 建筑外观
3. 站台空间

吴孟超院士馆

项目地点　福州市闽清县云龙乡后垅村
竣工时间　2020年

通过对闽清传统建筑的分析与提炼，将中式民居独有的色彩、构造、细部等元素以现代手法重新组织，形成富有闽清特色的立面形式，拥有传统文化的特质。

一、再现具有强烈轴线感的递进式空间序列。建筑吸取中国传统建筑强烈的秩序感和对称均衡的韵律感，再现传统建筑空间序列的方式，求得建筑文明的传承和空间品质的升华。

二、营造具有人文气息的园林空间。展现“虽由人作，宛自天开”的自然之美，彰显对自然规律的尊重。

三、独特而强烈的建筑符号与色彩。将闽清传统建筑山墙的符号抽象化，用新材料、新做法加以表现。

1. 主入口透视
2. 整体鸟瞰
3. 庭院透视
4. 水景倒影

设计单位　福建省建筑设计研究院有限公司
设计团队　杨振宏、黄汉民、曾伟强

永泰梧桐君澜酒店

项目地点　福州市永泰县
竣工时间　2020年

设计深入挖掘永泰当地民居、寨堡的建筑元素，从总体空间布局、建筑造型等方面，向闽派建筑中特有的永泰民居风格致敬。

建筑群采用多进院落布局，主要功能空间集中在南北中心轴线上，并顺着东西轴线一线展开。建筑屋面采用无翘曲小歇山坡屋顶，取材于永泰民居屋顶形式。建筑外墙主材料采用米灰色仿夯土质感涂料，建筑外窗精简了传统民居中的直棂窗，形成了特有的装饰窗风格。整体建筑风貌采用基座、中段、屋顶的三段式布局，沉稳大气。建筑主入口山门采用永泰特有的寨堡形式作为设计母题，既分隔了内外空间，又传递了永泰的地域文化和人文气息。

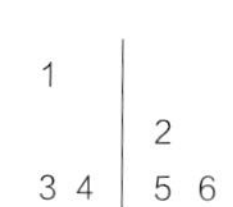

1. 庭院空间
2. 建筑室内
3. 室外平台
4. 空间透景
5. 水景
6. 入口

设计单位　福建众合开发建筑设计院有限公司
设计团队　包靖、唐丹明、林克冬、陈学秉、曾碧阳、胡真宾、徐理镔

莆田市国湄·领秀工程

项目地点　莆田市秀屿市政公园东南侧
竣工时间　2020年

设计单位　福建省建筑设计研究院有限公司
设计团队　崔育青、黄汉民、陈崑、林晓嵩、周丽英　等

莆田市国湄·领秀工程位于莆田秀屿区市政公园南侧，处于莆田市秀屿区城市发展的重要位置，由17栋住宅建筑、沿街商业、配套公建等内容组成。

本项目设计回归现代主义的理性空间，追寻技术美与人情味的和谐统一，以兼备豪放、优雅、和谐、舒适、烂漫的莆田地域性风格，使居住者的情感回归宁静和自然，消除工作的疲惫，忘却都市的喧闹。设计取莆田地域特色建筑的设计意向、建筑色彩、建筑细部、材料、装饰等进行提炼、整合，并融入到当代建筑功能之中，融合现代建筑的材料与设计手法，创造融合现代功能需求的现代地域性造型意向。

1 | 2
345

1. 北面透视
2. 沿街透视
3. 西南面透视
4. 屋面构架
5. 山墙细节

都团村公共服务中心

项目地点　三明市建宁县溪源乡都团村
竣工时间　2020年

项目基地上曾有一座大型烤烟房。新建筑作为村庄公共服务中心，既要满足村民公共聚会，又要为到访的游客提供休憩场所。借用了原建筑的空间逻辑，并加以艺术化演绎。新建筑分为两层，首层由4个大小不一的体块组成，分别为展厅、会议和厨房，体块之间的空隙为使用者提供了室外活动空间。二层为大空间功能厅。一部室外楼梯连接一层和二层，它穿过屋顶，产生戏剧性效果。

大而不对称屋顶将建筑笼罩，提供了舒适的檐下空间，回应了当地多雨、湿热的气候。屋顶使用了鲜艳的釉面瓦，这是对中国乡村20世纪90年代后新民居大量使用釉面瓦的一种艺术化挪用，也是对此材料在现代乡村建筑中使用的可能性的一种探讨；图案和色彩提取自场地周边的荷塘、竹林，并加以艺术化处理；支撑屋顶的钢柱也呈倾斜状并被赋予鲜艳的颜色。

1
2 3 | 4 5

1. 外观
2、3. 屋顶结构
4. 室外楼梯
5. 大屋顶下的空间

设计单位　三文建筑/何崴工作室
设计团队　何崴、陈龙、李强、宋珂、曹诗晴、赵馨泽　等

宁德市博物馆、科技馆、青少年宫、档案馆

项目位于宁德市火车站站前区域，功能上包含博物馆、科技馆、青少年宫、档案馆。设计结合闽东地区气候特征，合理组织水平与垂直方向各功能用房。宁德四馆建筑群建筑构想源于宁德地区特有的“厅井”建筑空间，抽象提取塑造了崭新的城市公共空间形象，成为宁德的城市客厅。

建筑造型延续了文脉肌理，呼应城市环境。借鉴了闽东民居围而不合的开放性空间传统，创造了丰富的半室外半室内的灰空间。建筑形体暗合了闽东以村落聚居的群体性活动，以家族发祥地为文化符号的血缘与亲情纽带，表达了闽东民众对公共场所的归属与敬意。立面引用了当地少数民族畲族的文字符号，唤起了人们对场所的情感与记忆。屋顶造型源自传统民居的屋脊形式两端向上起翘成曲线形状。

项目地点　宁德市火车站站前
竣工时间　2020年

设计单位　上海兴田建筑工程设计事务所
天津大学建筑设计研究院
设计团队　王兴田、杜富存、魏景、夏普

1　2
3
4

1. 入口透视
2. 广场透视
3. 鸟瞰
4. 架空透视

福州闽侯县昙石山特色历史街区

项目地点　福州市闽侯县
竣工时间　2020年

闽侯作为闽都文化发源地，具有悠久的历史文化底蕴；项目依托其所在地存有福建先民的发源地——昙石山文化遗址，建构闽侯城区核心区的东方城市传统景观意象。设计以昙石山遗址博物馆为核心，以洽浦河为纽带，将沿河岸三个历史村庄及河南岸的民俗园、县博物馆及东侧的山林公园蝙蝠山作为一个整体，形成占地约1km^2的城市文化生态核心区，以此建构起具有东方传统城市美学与新型城市总体空间结构的特色风貌区。同时以街区为载体，将昙石山文化、海丝文化、南岛语族文化、特色传统工艺、民俗、宗教等文化融入其中，让特色历史街区成为传统文化与时尚生活相辉映之承载地，成为八闽首邑之闽侯城市会客厅。

设计单位　福州市规划设计研究院集团有限公司
设计团队　严龙华、陈沐歌、陈思均、陈运合、徐晓明　等

1
2 3 4 | 5 6

1. 街区整体鸟瞰
2. 既有建筑降层处理
3. 更新建筑
4. 历史建筑修缮
5. 旧厂房改造
6. 街区核心节点

长汀县长征出发地

项目地点　龙岩市长汀县
竣工时间　2020年

整个建筑群采取了一种织补和修缮的策略，新建的部分主要是原来民居无法提供的大空间和通高空间，比如接待大厅和报告厅等。新建的体量以内敛谦虚的姿态隐藏于老的建筑体量中，不会破坏整个乡村的肌理和天际线。由于老房子相对比较残破，加固过程需要非常的耐心和细致，整个修复过程体现了对红色文化和传统村落的珍视与呵护。

设计也不是单纯的修旧如旧，而是通过三个巧妙的方法营造出了纪念地的文化氛围：一是通过新增加的几面简介且具备象征红色曲墙，限定空间尺度并引导组织单体建筑的同时，突出了红旗的意向；二是在景观设计方面用红色和灰色铺底的材质渐变，并在铺底中加入脚印元素，抽象还原了当时红军紧急撤退时混乱的场景；三是在对保留建筑进行加固改造的时候，将用于拉接新结构与老墙体的锚固件特意设计成了五角星的形状，用不起眼的细节，加强红色文化氛围。

1 | 2 3 4 | 5 6

1. 广场空间
2、3、4、6. 建筑与景观
5. 总平面图

设计单位　中国建筑设计研究院
设计团队　崔愷、郭海鞍

莆田学院图书馆

项目地点　莆田市
竣工时间　2021年

"鲲鹏展翅，学术之翼"。莆田素有“海滨邹鲁”之美誉，海洋文化是莆田重要的文化元素，建筑水平舒展的横向体量，在湖水映衬下犹如海神鲲鹏展翅翱翔，将莆田文化传扬。

“竹简文意，知识殿堂”。图书馆综合大楼主立面以当地石材与玻璃的竖线条处理表达竹简意向，意喻开卷有益，构筑学院师生求学问道的知识殿堂。

“莆仙神韵，文化桥梁”。建筑造型吸收莆田民居常见的“一明两暗”建筑形式，将建筑横向划分三段式，借鉴双曲面屋顶造型及“重槽”做法。主体采用浅米黄色花岗石干挂，点缀以浅灰色横向线条，与玻璃穿插交错。基座部分采用莆田当地“出砖入石”的墙面做法，虚实相生，以现代的建筑手法延续莆田砖石墙面特有肌理，传承莆仙地域的建筑文化。

概念方案 华南理工大学设计院有限公司 何镜堂
设计单位 福建省建筑设计研究院有限公司
设计团队 林顺福、黄汉民、董伟琦

1. 沿湖透视
2. 图书阅览室
3. 走道
4. 大楼梯
5. 广场透视
6. 侧面鸟瞰
7. 鸟瞰

福州内河治理博物馆

项目地点　福州市台江区光明港公园内
竣工时间　2021年

福州内河治理展示馆是福州市践行习总书记3820工程和16字治水方略所获累累硕果的集中展示场所。

项目建筑面积1500平方米，主体一层局部二层，选址于福州内河“水清、河畅、岸绿、景美”的典型代表且极富历史底蕴的光明港公园南岸。建筑总体布局吻水衔山，与环境有机融合；外部造型致敬龙舟，以修长的体量、优美的曲线作当代的表达，意图留住光明港盛大的龙舟赛事这一最为深刻的记忆和乡愁；内部风格取意船舱，用缆绳、甲板、直跑梯为元素解决结构、功能、交通等需求，又与外部高度一致，力求传达“沿江向海”的发展决心；主体结构为预制装配式钢结构体系，工期短，污染少，而无柱空间则为布展留下了最大的自由度。

复合功能强调建筑的公民性，其室内专业展览空间与游客休憩驿站功能并置，各得其所，相得益彰；而屋顶花园则还地于园，为市民提供另一个欣赏美景的视角。

1
2 3 | 4 5

设计单位　福建博宇建筑设计有限公司
设计团队　赖岳峰、赵子桓、周李莺

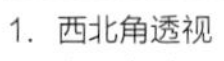

1. 西北角透视
2. 夜景鸟瞰
3. 室内吊杆楼梯
4. 曲线生成
5. 东北角黄昏鸟瞰

浦城第一中学

项目地点　南平市浦城县
竣工时间　2021年

浦城第一中学新校区位于福建省浦城县城东北部一个植被繁茂的小山坡上，校园基地地势中部较高，东西两侧逐渐降低，最大高差达10米有余。

作为一所百年名校，浦城一中原初由浦城文庙改建而来，新校区传承其礼乐相成的文化内涵，在校园前区采用合院式布局，在中后区借鉴闽北山居聚落的建筑原型，让各个功能组团顺应地形有机生长，不讲究方整的轴线与秩序，只是根据基地原始地形地貌来生发建筑群落。这种布局也让基地内的现有树木得到最大程度的保留，成为一所真正与坡地山林共生的校园。

建筑采用传统双坡屋顶及其变体的形式，回转曲折的风雨连廊连接校园的每个角落，传承闽地传统建筑风貌的同时，也与当地多雨的气候特征相契合，体现人本主义的关怀。

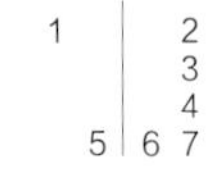

1. 鸟瞰图
2. 校前区合院
3. 图书馆前广场
4. 局部透视
5. 场地剖面图
6. 总平面图
7. 教学组团内景

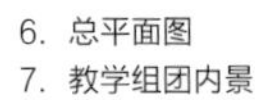

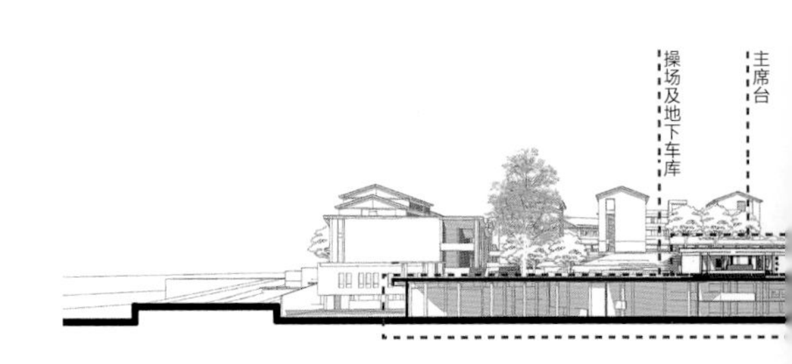

设计单位　浙江大学建筑设计研究院有限公司
设计团队　吴震陵、杨鹏、李宁、胡惟洁、毛军列　等

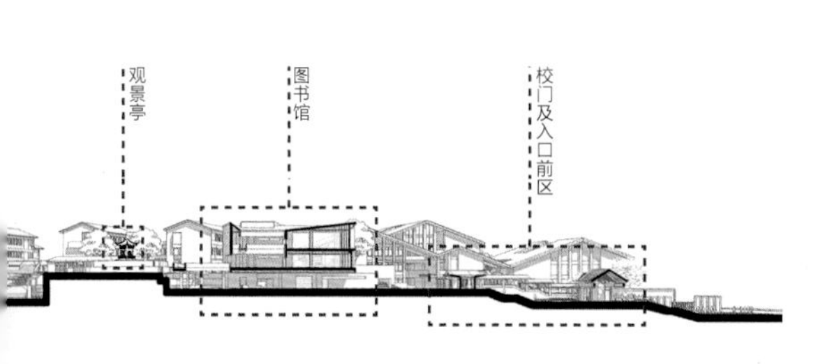

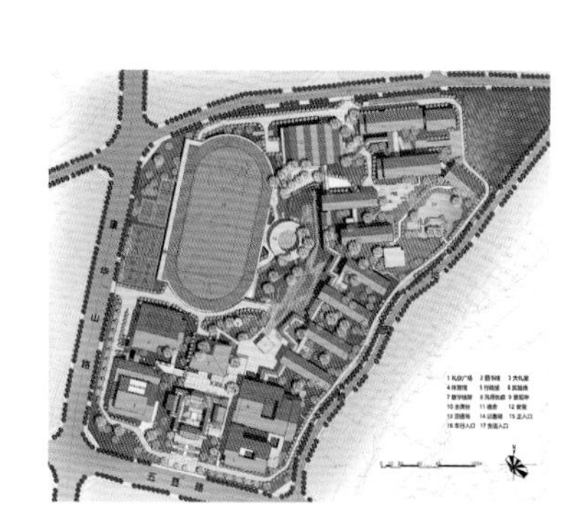

莆田市绶溪公园状元桥

项目地点　莆田市绶溪公园内
竣工时间　2021年

状元桥位于莆田绶溪公园内，跨河连通现代风格的莆田市博物馆与传统风貌的状元阁，如何过渡衔接两种风格成为设计的挑战。整体采用“中而新”的手法，将“斗栱”“歇山”“抱厦”等传统元素，用钢结构、现代金属材料呈现，营造一种具有时代创新性的建筑空间和形式，强化了传统建构形式的当代再现，并传达出传统文化的深层记忆。

桥长120多米，桥墩部分借鉴斗栱的元素，在桥身视觉中心焦点，用现代手法打造的“歇山抱厦”门亭，重点展示了对传统元素的现代演绎，也与状元阁互为呼应。整体风格简约大气，注重文化内涵，富有传统韵味，极具时代气息，联系传统与现代，体现传承和超越。

设计单位　福州市规划设计研究院集团有限公司
设计创意　陈仲光
设计团队　阙平、林炜、陈仲光、郑凯、卓遥、徐信灿　等

1
2 3 4 | 5 6 7

1. 河面透视
2、3、4. 局部透视
5、6. 内部透视
7. 廊桥外景

清华附中福州学校

项目地点　福州市三江口
竣工时间　2021年

项目位于福州市仓山三江口片区，与闽江隔路相望。设计对当地传统建筑与外来文化进行提炼抽象，借鉴福州传统民居院落式的规划布局方式，远借鼓山与闽江的山形水势，同时融入清华校园文化，形成学校的独特风格。

设计中以“山水校园”为导向，尊重原始地形地貌，依山就势、因地制宜，以史为鉴，在保护大量古迹的同时，打造不同主题、相互错落的庭院式校园空间，构成校园景观的精彩看点，这是对历史文化及自然的尊重，也体现出学校内在精神与文化传承的核心诉求。

设计单位　清华大学建筑设计研究院有限公司
　　　　　福建省建筑设计研究院有限公司
设计团队　刘恒、梁章旋、鲍承基、王焕燃、叶阳阳、张泽明、
　　　　　石润泽、黄建英、王锴、郑文涛、傅超

1	2
3 4 5	6 7

1. 中学部入口
2-5. 教学楼
6. 中学部食堂
7. 鸟瞰

福州清华书院

项目地点　福州市三江口
竣工时间　2021年

项目位于清华附中福州学校内的鲤鱼山上，北临闽江，具有得天独厚的山水资源。

书院为一至两层高围合建筑，面积约一千平方米。设计尊重原有的山形地势，传承福州传统错落变化的院落空间以及坡屋顶形式的元素，进行抽象演变，展现地域文化的现代转译。在院落空间中，保留原有山体的花岗岩石，与建筑融为一体，从而创造一个明德启智的山水书院。

设计单位 清华大学建筑设计研究院有限公司
福建省建筑设计研究院有限公司
设计团队 刘恒、梁章旋、鲍承基、王焕燃、叶阳阳、
张泽明、王锴、蒋枫忠、黄建英、方丰阳

1
2 3 4 | 5 6

1. 书院主透视
2. 山水书院鸟瞰
3. 话剧角
4. 主入口
5、6. 内庭院

船政文化马尾造船厂片区保护建设工程

项目地点　福州市马尾区
竣工时间　2022年

船政文化马尾造船厂片区是全国第一批工业文化遗产，始建于1866年，是清末洋务派兴办的第一座军工造船产业，也是中国近代海军的摇篮。船政学堂是中国第一所新式学校，船政文化是集教育、军事、社会和工业于一身的近代以来科技创新和爱国护海的重要代表。

原船厂片区呈现出从1866年至今不同风貌类型闽派工业建筑的历史叠加。在对已灭失和现存的重要价值点进行系统梳理的基础上，针对不同风貌类型的工业建筑采取不同的改造或修缮策略。最大限度地保存不同历史时期的遗存。结合使用功能，可利用空间、光线、材料、细部构件等元素记录和展示船政，特别是造船工业的历史故事和空间氛围，以实现工业遗产建筑的保护再生和活化利用。

设计单位　北京华清安地建筑设计有限公司
　　　　　福建省建筑设计研究院有限公司
设计团队　刘伯英、梁章旋、林霄、宁阳、黄平、黄建英、杨伯寅、郝阳、蒋枫忠、李晓龙、赵一霏、杨珺婻、陈末、孙晓阳、许美珊

1. 铁胁厂立面（李逸　摄）
2. 甲居装客保障组
3. 中国船政博物馆透视（李逸　摄）
4. 中国船政博物馆主立面
5. 鸟瞰

仙游市民休闲活动中心

项目地点　莆田市仙游县
竣工时间　2022年

项目地块位于仙游县主城区鲤北片区中央公园北面中部，地块北临三环路，西临八二五大道，干道交汇，交通便捷，规划为仙游县城主城区中轴线的重要组成部分。

设计中运用了仙游传统建筑的重檐分段跌落式屋顶、带有红色护墙瓦的山墙、青石砌筑墙脚、逐渐收分的墙裙、丰富的白灰红砖构成图案的墙面等仙游特色建筑精华，也借鉴了传统建筑的景观平台、挑檐、骑楼、门楼、护厝等要素，增加了空间层次，也加强了与公园之间的视线渗透交流。

在空间组织上结合仙游传统庭院做法，利用商业建筑、戏台、游览、广场、水系等元素进行围合，形成中央景观庭院，使美食街建筑与中央公园景观共享，具有仙游地方特色美食街、戏台、广场、照壁等增加了鲤北中轴线的景观和内涵，让游客在品尝美食后有个环境安宁、景色优美的场所可以休憩。

设计单位 福建省建筑设计研究院有限公司
设计团队 黄乐颖、黄汉民、陈夏滨、陈素娟、范靖铭

1. 全景鸟瞰
2. 楼阁戏台临街立面
3. 商业街透视
4. 局部透视
5. 美食街一期入口
6. 美食街建筑群局部
7. 街巷空间

政和县红色教育基地

项目地点　南平市政和县
竣工时间　2022年

“对党忠诚、心系群众、忘我工作、无私奉献”这是习总书记对廖俊波同志的高度肯定，弘扬廖俊波精神、践行为民初心是其所承载的使命。

基地位于南平政和县石屯镇松源村桐岭东侧，溪水呈玉带环绕状怀抱基地。基地北面与南面为延绵的山体，青山碧水，绿意葱葱，景色秀丽，交通便捷。

整体布局：结合基地靠山面水的自然景观优势，以北面远处笔架山为景，形成沿场地主轴南北向中心布局。沿主轴上形成“主题广场——教学——展厅、报告厅、图书室——餐厅”的多功能主题区。

诗意栖居：与当地文化相融合，整体上结合传统院落布局，形象上提取当地民居山墙、坡顶等元素；通过景观连廊联系各功能区，形成空间层次丰富的红色教育场所。

1. 广场透视
2. 主入口
3. 连廊
4. 庭院景观鸟瞰
5. 内部透视
6. 建筑透视

设计单位　福建省建筑设计研究院有限公司
设计团队　崔育青、陈崑、林晓嵩、刘锋、郑白阳、林黎迪、江珊、江杰英

寿宁县红色下党教育实践基地

项目地点 寿宁县下党乡
竣工时间 2022年

基地位于宁德市寿宁县下党乡，习近平总书记曾三进下党，目前已成为寿宁县红色下党教育实践基地。

借鉴下党古村落“黄泥墙灰瓦坡屋面”的建筑风格，立面采用分块分段式设计，减少建筑体量感；墙体采用米黄色质感涂料营造出当地传统民居黄泥墙古朴的风格，屋面采用平屋面和坡屋面相结合的方式，避免大坡屋面的压迫感，也创造出屋面观景平台。

设计巧妙地利用地形高差，将建筑群分为三个宿舍、一个综合体四个体块，高低错落布置在不同标高平台上，使主要的功能用房拥有最好的山水景观，并形成丰富的天际线。梯田式景观，将不同标高台地连接台阶和挡墙，形成交流互动的趣味空间。整个建筑群、附属挡墙及景观步道蜿蜒在山脚下，从空间到形态，从学习生活到活动观赏，共同形成了一个完整的乡村休闲空间体。

设计单位　福建省建筑设计研究院有限公司
设计团队　崔育青、林晓嵩、林晓明、江杰英、林昱松

1. 全景透视　3. 入口透视
2. 航拍鸟瞰　4. 屋顶透视

福州烟台山历史风貌区保护与复兴（东区）

烟台山历史文化风貌是曾经的使馆区，它记忆着福州对外交流的鼎盛，素有“万国建筑博物馆”的美称。

东区以古宅为空间内核保护修缮，新建楼栋以清水、红砖、青砖，广式间排、柴栏厝等风格为主，局部石材阳台点缀。美丰银行控制周边建筑高度，紧扣“商会洋行”风貌特征展开布局，设计小尺度院落通透历史氛围，提炼老建筑的立面门窗样式及装饰细节，延续烟台山“原汁原味”的商业空间。形成统一的有节奏有韵律的沿街立面。

项目地点　福州市仓山区
竣工时间　2021年

设计单位　中国城市规划设计研究院
　　　　　都市实践（北京）建筑设计咨询有限公司
　　　　　上海三树建筑设计有限公司
设计团队　朱荣远、王辉（项目总体规划）
　　　　　冷传伟（建筑设计）

1. 街区鸟瞰
2. 航拍总平面
3. 罗宅
4-6. 街巷景观

福州烟台山历史风貌区保护与复兴（中区）

烟台山历史文化风貌是曾经的使馆区，它记忆着福州对外交流的鼎盛，素有“万国建筑博物馆”的美称。

中区以标志性历史建筑天安堂为空间景观控制点，管控周边建筑高度、尺度，延续小尺度宅院肌理，建筑层层出檐，形成连片起伏的屋顶风貌。修复四条山巷，以步行商业街串联原有石阶巷道，多元融合编制新老建筑，共同营造人文荟萃的历史空间氛围。

项目地点 福州市仓山区
竣工时间 2022年

设计单位 中国城市规划设计研究院
都市实践（北京）建筑设计咨询有限公司
上海三树建筑设计有限公司
设计团队 朱荣远、王辉（项目总体规划）
王辉、冷传伟（建筑设计）

1 | 2
3 4 | 5 6

1. 街区远眺
2. 石阶巷道
3. 街巷夜景
4. 起伏的屋顶
5. 新建建筑
6. 中区夜景

福州烟台山历史风貌区保护与复兴（西区）

烟台山历史文化风貌是曾经的使馆区，它记忆着福州对外交流的鼎盛，素有“万国建筑博物馆”的美称。

西区由美领馆统领历史记忆轴线，以亭下路为视线通廊，用街巷串联古建筑群，形成“市坊居所”特色的滨江风貌建筑群，使历史保护与滨水景观建设相协调。

项目地点　福州市仓山区
竣工时间　2021年

设计单位　中国城市规划设计研究院
都市实践（北京）建筑设计咨询有限公司
上海汇乘建筑设计咨询有限公司
上海日源建筑设计事务所
设计团队　朱荣远、王辉（项目总体规划）
程峰、宋皓（建筑设计）

1. 街区鸟瞰
2. 局部鸟瞰
3-6. 街巷景观

福州南公河口历史街区

项目地点 福州市台江区
竣工时间 2022年

位于于山东麓水部门东南约1.8km的河口历史街区保护再生设计，体现了发掘把握古城往昔岁月核心价值并加以突显表现的创作理念。设计紧抓其作为琉球国与我国的政治、文化交流实证地以及福州市井百姓传统风俗习尚的承载地两大核心价值，于万寿桥西端重建进贡厂之“怀远坊”，再塑国货路、琯前、琯后街风貌特色，让河口街区与琉球馆重新关联；于街区内建造琉球园以呼应那霸市福州园，同时镶挂“南公河口历史街区”牌匾以唤起历史记忆。

设计单位　福州市规划设计研究院集团有限公司
设计团队　严龙华、王硕、陈沐歌、邱峰琳、蒋励欣　等

设计还通过修缮小万寿桥沿岸港埠，强化其历史港口景观意象；保护修缮路通街、龙津街等历史街巷，从而完整地营造河口街区特征建筑（柴栏厝）集合体，以进一步增强其文化景观特性。

1	2
3 4 5	6 7 8

1. 柴栏厝建筑
2. 沿河岸景观
3. 路通街中段
4. 不同类型建筑的保持
5. 新旧建筑融合
6. 柴栏厝建筑
7. 街巷空间
8. 桥市河街

福州青年桥

项目地点　福州市台江区
竣工时间　2022年

横跨台江江滨大道的青年桥是“两江四岸”核心段品质提升工程——闽江之心的重要组成项目，通过于贯穿苍霞街区南北的青年横路南口跨江滨路设置步行天桥，将街区与城市滨水空间联为一体。设计以街区内红砖拱券建筑为类型参照进行创新性演绎，并于构造细节处与历史特征做法进行关联。此外，还将红砖拱券元素贯穿于空间体验设计中，于地面层，将其解构为片墙式构件架于自动扶梯上，形成空间序列导引要素；于桥上，由系列红砖拱券形构的深邃景深，加之两侧柱垛上镌刻反映城市历史信息的图文，都令游客在过往穿行中产生无限的遐想。

1
2 3 | 4 5

设计单位　福州市规划设计研究院集团有限公司
设计团队　严龙华、王文奎、黄旭东、颜旭、林志滔

1. 青年桥与闽江之心
2. 现代构造做法演绎拱券韵味
3. 远眺青年桥
4. 青年桥塔楼
5. 过街天桥

后记

《新闽派建筑》一书经过两年多的努力，编写组对新闽派建筑的脉络作了较清晰的梳理；对新闽派地域建筑创作有了较全面的解析与归纳；对新闽派建筑的典型工程实践案例进行系统的整理，为社会各界人士提供对新闽派建筑更深入了解和认识的参考维度。

本书相关研究工作，由福建省住房和城乡建设厅牵头，会同福建省勘察设计协会统筹策划，由中国民居建筑大师、福建省勘察设计大师、福建省建筑设计研究院原院长黄汉民教授主编。在《新闽派建筑》的编写团队中，中国民居建筑大师戴志坚教授三十多年来坚持福建传统民居和古村落的研究和保护工作；福建省勘察设计大师王绍森教授长期关注地域建筑的现代性表达研究。本书的调研和编写工作克服了许多困难，在较短的时间内顺利完成，离不开编委会全体同仁的不懈努力和无私奉献。

本书汇集了一百多个具有闽派特色的已建成的工程案例，也离不开各级住房和城乡建设主管部门和各大勘察建筑设计单位的鼎力支持，在此表示衷心感谢！值得特别说明的是，这项工作始终得到南平市委林瑞良书记、福建省住建厅朱子君厅长、蒋金明副厅长等相关领导的关心、指导和帮助。此外，还要感谢戴一鸣、黄春风、吕韶东、严龙华等大师，以及关瑞明、洪峰、黄晓忠、林秋达等专家提供的宝贵意见。

因本书篇幅有限，恐难以涵盖所有在闽建成的精彩案例，若存在不妥之处，恳请批评指正。